パイロットが考えた〝空の産業革命〟

ポスト田中角栄
「新日本列島改造論」

山下智之
Yamashita Tomoyuki

風詠社

まえがき

未曾有の勢いで進む人口減少と、それに伴う日本経済の縮小や終焉を取り上げた記事が多く見られます。貿易収支も赤字の月が多くなってきました。

カジノ？　観光立国？　地方物産のネットによる世界販売？？　歴史ある建造物の再活用？？？　本当にそんな程度の投資や改革で、この日本経済が活性化するのでしょうか？ほんの限られた地方の一部の地域や施設を経営する事業者は潤うでしょうが、それではますます所得格差は広がるばかりです。とてもとても規模的に小さすぎて、日本全体、国民全部の経済再生、所得や生活環境の改善には役に立ちません。

大手企業は日本以外の海外市場に活路を見出そうとしていますが、それは危険な賭けであり、海外の市況や経済動向、為替の変動がもろに業績に跳ね返ってくるでしょう。実際、海外進出をぶち上げたものの、中国やヨーロッパの景気動向に気をもんでいる経営者は多いはずです。不安定な時代だからこそ、やはり国内経済のしっかりとした成長戦略を持たないといけません。単に内需拡大というのではなく、田中角栄の日本列島改造論のような超大型の成長戦略、昭和の時代をもう一度、令和の高度経済成長戦略、それが必要な時期に来ていると思います。

そんなことはわかってる？　じゃあ何をすればいいんだ！って？　その答えが本書にあります。ズバリ、「空の産業革命」をやりましょう。

かつて昭和の高度経済成長を実現した地方経済活性化策、今でいう地方創生を支えた「田中角栄の日本列島改造論」を令和の時代に合った方法で再び行うのです。それは、列島を高速道路・新幹線・本州四国連絡橋などの高速交通網で結び地方の工業化を促進し、過疎と過密の問題を解決するという、とてつもないハードウェアの建設を伴って成し遂げられてきました。「道路を作るんだ」「新幹線だ」ということでわかりやすく、そして規模も大きかったのです。全国の道路網の建設というインフラ投資と同時に自家用車の普及という巨大な自動車産業の成長が進み、日本車は世界で売れまくりました。あまりにも売れすぎて貿易摩擦という言葉もあったくらいです。だから、世界のどこかで不況とか低成長などと聞いても他人事のように感じられるくらい、日本経済は成長し続けてきました。

最近、政治家の中にはかつての田中角栄を目指すという若手も出てきました。田中角栄には、人間的な部分以上に、その政策や構想の大きさに魅力があったのじゃないでしょうか。もしも日本列島がもっと広ければ、ひょっとしたら角栄時代と同じように、道路網の整備や高速鉄道網の建設などによる成長戦略をもう一度描けたかもしれません。

それを実は今、アメリカがやっています。新幹線タイプの高速鉄道網を、まずは西海岸、東海岸それぞれに整備しようと企業体が動いています。テスラモーターなど未来型の電気自動車の普及はもう既定路線で、一歩進んだ自動運転や自動操縦による自動車が公道を30万台以上も走り回っています（2019年）。きっとその台数は、これからも増えていくことでしょう。一方で航空機ものすごい勢いで普及しています。かつてのセスナ時代からシーラス、パイパー、アイコンなど、新しい小型飛行機のメーカーが続々と生まれています。新型機には機体にパラシュートが内蔵されていて、庶民の安全感覚にも寄り添った小型飛行機の普及の勢いは止まりません。

米国の航空局はそういう新しい航空機向けに、フライングボート（空飛ぶボート）とかフライングビークル（空飛ぶ自動車、本書ではこれを略してFVと表記し、空飛ぶクルマ全般を示します）などという新しいカテゴリーを作りました。どうしてかというと、これまでの航空機の分類では新しい航空機の性能や機体基準を計測分類することができないくらい技術の進歩が激しくなってきたためです。

もうおわかりですね。日本では地上のインフラ網が飽和状態です。だからこそ経済の牽引力になれるだけの新しい投資戦略が必要とされています。つまり日本列島改造のカギは、そう「空にある」ということです。日本の空は、それは厳しいです。山もあれば海もある。市街地も多い。けれど、道路網を整備するため山にトンネルを掘り、瀬戸内海に橋を架け、海の下を潜ったのです。やがてそうした技術が、海外で橋を架けたり海底トンネルを掘ったりするという事業展開を生む基礎になっていきました。

空の交通網を整備することは可能です。そして、自動車と飛行機のハイブリッドである空飛ぶクルマ「フライングビークル（ＦＶ）」を世界に先駆けて社会インフラとして導入し、整備していこうというのが、本書で提案する「新日本列島改造論」なのです。経済成長のカギを握るＦＶのための空港設備を、日本中に作ろうではありませんか。

ＦＶについては本文中で詳しくお話しますが、価格は８００万円前後、２人もしくは４人乗りを想定しています。空を飛ぶ小型自動車をイメージしてください。で、ＦＶなら飛行時間は長くて1時間、平均は30分程度で十分です。30分の空の旅を侮ってはいけません。大体時速２５０キロで飛びますから、30分で１２０キロ程度移動できます。例えば、東京都心から30分で伊豆下田の温泉に行けるということです。どうです？　東京にある自宅の玄関を出てからと考えても、およそ1時間後には温泉に浸かれるのですよ。通勤時間とそう変わらないのだから、毎週末通うのだって苦になりません。

列島改造とは、ＦＶが利用できる空港を全国に整備しようということです。ＦＶ専用なら滑走路の長さは３００メートルもあれば十分でしょうが、現在使われている小型機との併用を考えるなら６００メートルくらい必要です。これを全国のあらゆるところに作るのです。半径80キロくらいのこの空港を中心とした円で日本全国をカバーできれば、ＦＶで日本のどこにでも自分で運転して簡単に行ける時代が来ます。で、この空港（「セルポート」と呼びますが、後ほど本文で説明します）を全国に整備するとすれば、最低でも８００か所、飽和状態になるまでには３５００か所くらい作る必要があります。セルポート付ショッピングセンターや病院、マンションなどが、郊外の過疎地、地価の安いところにどんどん出来るでしょう。そうなればセルポートの数は、何万という単位で増えるはずです。こうしたインフラ投資やＦＶそのものの開発・販売、それにＦＶ用の「自動運転システム」の開発などを考えると、日本の国内経済全体を活性化させるのに十分な力を持つ規模だと言えます。さらには、この投資の恩恵をほとんどすべての業種が受けられるのです。ＦＶを社会インフラ化し、その投資で国内経済を活性化するというのが私の考えです。その詳細は本文をご覧ください。

で、国内経済の後は輸出です。空の交通網を整備できれば、その実績を海外に輸出することも可能になります。かつて自動車を海外に売ったように、ＦＶをインフラごと輸出産業にするのです。そうすれば、トヨタ、日産、ホンダ、マツダ、スズキ、スバルが世界の道路を走っているのと同じように、日本製のＦＶが世界中の空を飛ぶことになります。そういう空の産業革命、空の社会インフラ化の具体的な方策を、パイロットでもある私、山下が自身の足で全国を飛んでみた経験をもとに、ポスト田中角栄の新日本列島改造論として展開しています。

その具体的な工程表は、次の通りです。

1. 現在、使用率0・1%以下の90以上ある地方空港と離島空港をエアタクシーで結ぶ。
2. 地方と離島の空港に隣接したパイロット養成の初期訓練専門学校（FV用の運転教習所）を作る。
3. FV専用の超小型空港（空の駅）を、携帯の基地局（セル）が全国をカバーするのと同様に「セルポート」として全市町村に建設する。
4. FVの開発・製造販売、自動操縦やその遠隔監視システム等に関する新たな巨大産業を創造する。
5. FVをインフラ付きで世界に売りまくる。

どうです？　角栄時代に地上でやったことを、空中でやろうというわけです。

ユーチューブなどで見てもらえばわかると思いますが、FVは世界中でもうすでに完成し出来上がっています。技術的にはなんてことないのです。自動車と飛行機を合わせることなんて、日本企業の得意とするところなんじゃないでしょうか。掃除機と空気清浄器をくっつけるとか、よくやってるじゃないですか。ＦＶは売れますよ、インフラごと。

海外では、小型飛行機でなきゃ行けないような場所にホテルや温泉都市が出来たりしています。飛行機があればもっと発展する可能性のある場所が、地球には億単位で存在しています。トヨタ、日産、ホンダ、マツダ、スズキ、スバル製の小型機やＦＶが世界のそこらじゅうの空を飛び、辺境の地でも活躍する日がくることを信じて疑いません。ひょっとしたらＦＶ専門のベンチャー企業や飛行機の電動車（機？）日本版テスラが出現するかもしれない。それを想像するのは難しいことではないと思います。

国産のＭＲＪ？　ホンダジェット？　それもいいんですが、一機何億円もするのでは庶民の足じゃない。航空産業が発達したアメリカですら、両者とも日常の乗り物ではありません。日常の乗り物はやっぱり小型単発機。セスナであったりパイパーのプロペラ機です。それなら、現在でも４０００万円（普通は30万ドルくらい）出せば新型ピカピカのが買えます。ここでいう小型機というのは、そういうやつをさします。

山下私案のＦＶはというと、空を飛べて自動車としても地上を普通に走行できる乗り物で、８００万円前後を目指します。普及が進めば、自動車と同じくらいの価格になるはず。そういうのこそ、日本の狭い国土に向いてるんです。ホンダジェットはパワーがありすぎて、京都の町屋がひしめくあの狭い通りをフェラーリで移動するようなもの。京都の裏筋をすいすい行くには、小さな電気自動車ＥＶでいいですよね。そんな感じで、日本の空には小型のプロペラ機やＦＶで十分だし、ちょうどいい。アメリカでは、足が遅いなーとか飛行機小っちゃすぎとか感じるパイパーでも、日本で乗ってると、ああ、ちょうどいいやって感じなんです。

そして、そういう小型プロペラ機よりももっと小さいやつが、ＦＶ。車で言えば、小型プロペラ機はセルシオ、クラウン、プレジデント、フーガって感じで、その下のヴィッツとか軽自動車って感じの飛行機と自動車のハイブリッド、これがＦＶになります。

で、ＦＶを普及させるには、そのクラスの足の短いやつでもちょんちょん飛んでいろんなとこに降りれる必要がある。その降りる場所がセルポートなんです。セルポート、作りましょう。全国に。高速道路を全国津々浦々張り巡らしたように。携帯の基地局みたいにセルで全国をカバーするセルポートを。そして、それに使うＦＶを。このセルポート、軽貨物を無人ドローンで自動宅配する中継地点にも使えるので、生活が変わります。ドローン型のへリの小型のやつもできるでしょう。ですがそれでは今の揚力発生装置（翼）を使う限り、小さくて空飛ぶバイクでしかない（第6章を参照）。やはり、空飛ぶクルマはＦＶ、固定翼の小型機の進化形でないと交通インフラを賄うだけの揚力と輸送力を持ちません。だから、そのＦＶで全国どこへでも行けるようなセルポートを作るのです。
お金はかかりますよ。でも、これぐらいのことやらないと、デフレからインフレに転換するような経済成長は無理なんじゃないですか？　そんなの実現できるかって？　小型機は社会インフラとして日本の空には定着しないんじゃないかって？　その結論は、どうぞこの本を読んでから判断してください。

【関連ニュース】

２０１６年６月９日
人間を運ぶドローン、年内にも試験飛行実施（米ネバダ州、中国のイーハング）。

２０１６年７月30日
ニュージーランドのゴルフ場で、空飛ぶゴルフカートが実用化。

２０１６年11月16日
香港で作られたプロペラ機が世界1周の旅から帰還。8月に飛び立ち、45の空港に立ち寄って約5万5０００キロをフライト。機体は米国が販売している手作り用のキットで、7年がかりで完成させたもの。

２０１８年８月27日
日本は空飛ぶ車開発を推進し、今後10年間で空飛ぶ車を国内で開発する政府主導グループに、

Uber Technologies社やボーイング社などが参加する予定。ブルームバーグが24日の経産省の発表を基に報じるところ、開発グループは当初、エアバスＳＥ、ＮＥＣ、トヨタ自動車が支援するスタートアップ企業「CARTIVATOR」、ＡＮＡホールディングス、日本航空、ヤマトホールディングスを含む21の企業と団体からなる予定。年内にロードマップ作成を助けるため、８月29日に代表団が集まる。

２０１８年８月28日

日本、「空飛ぶ車」の技術開発と法整備を進める。政府は、受け入れ可能なルールの作成など、空飛ぶ車の概念の実現に役立つ適切な支援を提供することを明らかにした。混雑した道路を素早く移動できるフライング・カーは、多くの人々が考えるよりも現実に近い。世界中のスタートアップは、最近まではＳＦだけの存在だった小型飛行機開発を追求している。日本の企業がすでに電気自動車や自動運転車で世界の後追いをする状況なので、政府は航空機技術の緊急性を示し、リーダーシップを得るための法制化とインフラ整備を進め

上：約 4000 万円で市販されている
　　エアロモービル
下：飛行中のエアロモービル
(Aeromobil, Austria)

ている。株式会社航空経営研究所の橋本研究員は、政府が安全基準を設定し、調整を進める必要があるとした上で、他の国々より先に業界のトーンを設定しようとしていると述べた。世耕弘成経産相は、今月の記者会見で、空飛ぶ車は都市の渋滞を和らげ、災害時に遠隔地の島や山岳地帯での輸送を助けるほか、観光産業に利用できると語った。

【日本列島改造論とは】

日本列島改造論は、田中角栄が自由民主党総裁選挙を翌月に控えた1972年（昭和47年）6月11日に発表した政策綱領、およびそれを現した同名の著書のこと。日本列島を高速道路・新幹線・本州四国連絡橋などの高速交通網で結び、地方の工業化を促進し、過疎と過密の問題と公害の問題を同時に解決する、などといった田中の持論が、イタリアやアメリカの例を引いて展開されている。

日本にとって、首都の過密と地方の過疎は1960年代以降では深刻な問題（東京一極集中の進化）になっており、少なくとも田中が日本列島改造論を著したのはこうした状況への問題提起としての意味を持っていたと考えられる。交通網の整備で様々な課題が解決するという発想は、余りに楽観的で「土建業一辺倒だ」という批判もある。地方から過密地（特に首都・東京）へ向かう交通網の整備は、大都市が持つ資本・技術・人材・娯楽が地方にも浸透しやすくなったことは事実であるが、同時に地方の住民・人材・企業もまた大都市に流出しやすくことなったことで大都市への一極集中（特に東京一極集中）と地方過疎化を、より促進してしまうということが起こった（ストロー効果）。地方での道路の整備も同様の事象が起こり、地方都市の郊外化を招き、地方の中心市街地が衰退してしまった。このように結果として田中が抱いていた理想の未来とは程遠いまでの厳しい課題が残った。

現在建設されている新幹線や高速道路などは地方と東京を結ぶ路線がほとんどで、地方と地方を結ぶ路線の建設は遅々として進まない。これは最初から巨額投資を必要とする道路というインフラでは、地方と地方の流通、交通を賄う経済性がないためと言われている。こうした背景を受けて、東京へ人口が流入する現象が現れるのは仕方がなく、今後は地方間の路線を建設することにより「均衡ある発展」を現代に合わせ、防災を兼ねる形で実現させるべきだという論もある。そうした地方間の交通網は、巨大な予算が必要でかつ建設にとてつもない時間のかかる道路網より、本書の言う小型の空飛ぶ自動車の普及のほうが早くそして経済的に実現の可能性は大きいと思われる。

目次

まえがき　1

序章　20××年、空の産業革命がもたらした日常……17
1. 北海道　17
2. 新潟　21
3. 東京　24
4. 岐阜　28
5. 兵庫　33
6. 沖縄　36

第1章　今の空……44
1. 何しに来たんですか　44
2. 屋久島へ行こう　58
3. 北九州苅田町からの電話　63

4. 独り占めの空　73

第2章　エアタクシー……78

1. 小型機のコストなんか知れている　78
2. 日本こそエアタクシー　85
3. 災害に強いエアタクシー　91
4. 定期に飛ぶほうがコストがかかる　98
5. チャーターとの違い　102
6. モヨ島アマンワナ　108
7. エアタクシーが街を作る　115

第3章　パイロット養成学校……123

1. パイロット不足、2030年問題　123
2. 地方にある訓練空域　128
3. TPPの影　132
4. 世界で伸びる航空機輸送　136

5. パイロットが、日本の高校卒業資格、大学の単位になる時代　141
6. 日本で学びたい外国人パイロット候補生　148
7. ＩＣＡＯ、パイロットは世界共通のライセンス（１９２か国）　151

第4章　セルポート ……………… 156

1. 空港は待っている　156
2. 飛行30分以内、半径40キロのセルで全国を覆う　162
3. 村にこそセルポート　167
4. ＦＶで通う介護士さん、看護師さん、お医者さん　170
5. ＦＶで行く買い物、食事　176

第5章　不動産開発 ……………… 181

1. スカイレジデンス計画　181
2. 観光拠点、空港を使い倒す　189
3. 医療施設、ショッピングセンター専用空港　193
4. 輸送コストと開発コスト　196

第6章　FVという新産業の創設……200
1. 自動車に代わる巨大産業の創生　200
2. FV産業のすそ野・広がり　207
3. ドローン型か固定翼型か　215
4. 新しい輸出産業の誕生　221
第7章　ポスト角栄「日本列島改造論」……225
1. 空の産業革命（自動車が出来た時、高速道路はなかった）　225
2. 再び日本は世界経済を救う　227
3. 人類進化の過程、移動手段としての空　229
あとがき　233

序章　20××年、空の産業革命がもたらした日常

1. 北海道

北海道羊蹄山近くの住宅。吹雪の中、健三は自慢のＦＶで、地上道路をゴルフ場に向かう。この頃はどこのゴルフ場にもセルポートが完備され、自宅から10分のこのゴルフ場の滑走路を健三は毎日使って、仕事場である美唄の牧場にまで飛行して向かう。

地上を走る時は、自動車と同じスタッドレスタイヤのおかげで雪にハンドルを取られることもない。外は真っ白。ゴルフ場の入り口から滑走路に向かうゲートには、どこの高速にもあるＥＴＣゲートが設けてある。ここの離着陸料は、今やゴルフ場の重要な収益源となっている。セルポートのおかげで結構頻繁にプレーに来るリピーターも増え、その追加収益は月間１００万円は下らない。雪でゴルフがプレーできない時期でも稼げるこのセルポートの使用料は、重要な収益だ。セルポート設置にかかったコスト約３０００万円は「十分にペイで

きる」と支配人が言っていた。

健三はＥＴＣゲートで離陸料１０００円を自動精算して、待機エリア３番で車のサイドブレーキを引き、開翼スイッチ（フライトモードスイッチ）を押して、ゆっくりとたたんであった翼が広がるのを待つ。その昔、セスナという小型機で外置きのままの場合、雪下ろしが大変だったと聞いたことがあるが、健三のＦＶは車同様、屋根付きの自宅車庫に止めているため、その心配もない。

待機エリア３番の番号が青に点灯し離陸できるようになったので、滑走路に進む。毎日使い慣れたこの滑走路は、今日は雪で見えにくいが、車内のＧＰＳ画面に前方の様子が鮮明に映っているので、他に機体がないのがわかる。真っ白な中だが、飛び立つ前に札幌管制官に連絡して飛行ルートの許可も得ている。離陸したら、あとはオートパイロットが目的地の自分の牧場まで連れて行ってくれる。

牧場には健三が地元建設会社に頼んで作ってもらった自前の場外離発着場があるので、そのまますぐに仕事にかかれる。牧場の農道を舗装し直して作ったその離発着場は、時々近所のＦＶも使ってくれているが、離着陸料では大して稼げてはいない。それよりも、ビーチネットという会社と契約して、週何回か不定期に飛んでくる宅配便の小荷物を受け取ったり、受け取った荷物についているＩＣチップを預かっているドローンに差し込んで目的地を認識させて飛び立たせるという副業などで、ＦＶのコストや場外離発着場の経費をカバーしている。昔は宅急便の集荷設備がやっていた仕事を、こういう自分だけの私設セルポートを持つオーナーがバイト的に請け負っているのだ。

ドローンによる自動宅配のできる距離は知れている。だからセルポートまではＦＶで、その後はドローンでという具合である。北海道の広い家で、この宅配ドローンの降りれるヘリポートのような1メートル四方程度のドローンポストをつけていない家はない。

こうした生活をする前、健三は札幌の高校に通う娘や家族を羊蹄山の家において一人単身生活を送っていた。他にも会社でローンを組んで買ってやったＦＶを使って、遠くの若者がこの牧場で働いてくれている。ＦＶは1機８００万円ほど。安くはないがこれもビーチネットのＦＶシェアリングプログラムに登録し、レンタルしたり、従業員が暇な時にこれを使ってそのプログラムメンバーの荷物や人を運んだり、エアタクシーの真似事で結構な金額を稼ぐ。1回飛ぶと5千円前後の収入があるので、週1万円か2万円、月でいうと5万円くらいは平均で収入がある。機体は10年ローンなので、費用はそれで賄えている。これは副業として牧場の仕事の合間にやっていることだが、従業員はもっとＦＶを使ったエアタクシービジネスに集中したほうが儲かるんじゃないかといつも言っている。

かつて自動車しかなかった時代のウーバーのようなもの、そのＦＶ版がビーチネットだ。

確かに日中牛の世話にかかる時間、彼に飛んでもらえば会社の収益は伸びると思う。しかし、それでは健三の夢、牧場をあと3つ持って親から継いだこの仕事を大きくしたいという目標が遠くなる。思えば、FVあっての事業発展だったことは健三もよくわかっている。現在北海道で7つも牧場や農場を掛け持ち経営できているのも、FVがあるからこそ。どの仕事場にも30分あれば行ってしまう。毎日、2~3か所の現場を回って帰る頃には日は暮れているが、それでも家族といつも一緒に食卓を囲める幸せがあるのはFVのおかげだ。

健三が自社の農場や牧場で作った牛乳やチーズ、コーンなんかを持って帰ってくるのを、家族はいつも楽しみに待っている。利尻島の友人がやはりFVで月1回は札幌に買い物に来るのだが、その時に持ってきてくれるウニや新鮮な魚も合わせれば、世界で一番贅沢な食卓が出来上がる。最近、妻はスーパーに行っても生鮮食品は買わないという。大手の流通で入ってくるものは腐らないように保存されており、何より新鮮でない。保存のために防腐剤やら化学処理されたものばかりで、スーパーの陳列棚には加工食品ばかりが並んでいるような気がする。これもFVのおかげか。なにせ買い出しにFVを使えば、たいていの生鮮食品は夕食に間に合うのだから。利尻に飛べば昆布、ウニ、小樽でイカや鮭、帯広なんか外洋のマグロなども豊富で、スーパーで売られている死んだような魚はもう食べる気がしない。毎日の買い出しには主婦もFVを使っている。

帰宅すると、子供たちが宿題をやりながら、夕食の用意をする母親と何やら言い争っている。今週末は、洞爺湖の温泉に行きたいという妻と、スキー派の子供たち。どちらにしろ、FVで行くから別に予約もいらない。その日の気分で決めればいいじゃないかと仲裁に入った。雪はまだやみそうにないので温泉かなと思いつつ、温かい食卓に健三は着いた。

2. 新潟

冬の日は短い。早くしないと東京からくるお客さんを迎えに行く時間に遅れる。洋一は佐渡島の旅館を継いで5年目、ビーチネット社のFVエアタクシーに登録して東京からのお客さんを集めるようになり、忙しくなった毎日に満足している。今日のお客さんは湯沢のスキー場からで、温泉に入りたいと今朝電話があり、午後4時頃に佐渡空港にやってくる。

これまでは船や飛行機の予約が必要だったこともあって、ぎりぎりでも1週間くらい前には宿の予約が入っていた。予約は旅館の予約サイトから受け付け、当日の予約は受け付けしなかったが、FVやエアタクシーのおかげで、近隣の新潟、長野、青森あたりからなら当日予約も可能になった。面白いのは、越後湯沢とかに別荘を持っている東京の都会人が、この日本海の小島に佇むひなびた温泉に惹かれて急にやってくるケースが増えたことだ。夏なら日帰りで釣りを楽しみに来る人もいる。

さすがに東京からだとエアタクシーでも1時間半はかかるので、宿泊する客のほうが多い。もっと面白いのは、最近増えたセル空港が近くにある越後湯沢などの新幹線の駅で降りて、そこからエアタクシーでやってくる場合である。「新潟まで、なんで新幹線で来ないんですか」って聞いてみると、「新潟は駅から空港まで遠いけど、越後湯沢なんか5分でスキー場が開設したセル空港に行けるから、午前中ちょっとスキーして、そのままエアタクシーで佐渡まで飛んで温泉にも入れるし、おまけにぷりぷりした新鮮な刺身で一杯できれば、人生サイコーですよ」なんて答えが返ってきた。

今日の客は若いカップルのようだ。スキーの後、エアタクシーを呼んで午後4時には着くという。お金持ちの客ならタクシーにFVを指定して、自分のいるところまで迎えに来させ、洋一の旅館まで車モードにして送ってもらうことが多い。その場合、翼の開閉やなんかで時間がとられる分タクシー料金が高くなるので、湯沢からなら一機4万7千円、2人しか乗らない場合は1人2万円から3万円かかってしまう。今日のカップルは、空港から空港というフツーのエアタクシーで、片道2万円程度だろう。一人あたり1万円である。こうして空港まで迎えに行くのはなんか久しぶりのような気もするが、たかだか15分くらい苦ではない。

空港で待っていると、予定通り到着。案の定、大学生のカップルでスキー板は湯沢に置いてきたという。とりあえず今日は1泊だが、明日の予定はまた明日起きてから決めるという。佐渡は初めてで、神社や銀山にも行ってみたいと言っていたが、ゆっくりしてもらいたいものだ。エアタクシーなら新潟に渡って買い物もできるし、FVでそのまま能登半島に向かうルートも楽しい。日本海を堪能してから、好きなルートで東京に戻れる。エアタクシー世代の旅行はいつも行きあたりばったり。それでも、こうして細かな客がいつもあるのはありがたい。

帰りにエアタクシーを呼ぶというので、いつも出入りしている友人のFVを紹介した。地元でFVを購入してビーチネットに登録し、エアタクシーをやっているのは3人ほどいるが、洋一は空港までの地上走行を無料にしてくれるドライバーをいつも紹介する。夕食の前、そのFVドライバーと佐渡を一周した後、軽井沢方面に飛んだらいくらかなんて交渉している。若者は自由で楽しそうだ。

3. 東京

雄太は、都心のホテルに海外からのお客さんを迎えに向かう。さすがに都心では、FVはあまり見ない。多いのは自動運転車。皇居サイドのホテルで取引相手のフランス人夫婦を乗せ、夢の島方向に向かう。

夢の島マリーナの出口、荒川の河口空き地を利用して出来たセル空港に、雄太は最近買ったFVを置いている。以前は夢の島マリーナにヨットを置いていたので、勝手知ったる道だ。ヨットの係留費用とFVの駐機料金が同じだというのは、あまり知られていない。東京都は、宣伝しなくてもすぐに埋まるこのFV格納庫を宣伝する気がないようだ。東京で地上走行する気はないが、やはり飛んで行った先で自動車として使えるFVは便利である。

格納庫を借りずに自宅からやってきたFVがすでに5機、飛ぶ順番を待っている。ほとんどがゴルフ場に向かうような服装で、楽しそうに機内で待っている。1機3分あたりではけていくから、FVの離陸待ちとして10分程度、休日のこの時間だから大渋滞といっていい。FVを始めてから、雄太の時間感覚も少し変わったような気がする。10分もあれば、ここから高尾山まで行けるから、FVの待ち時間としては長いほうという感じ。

自動運転車は荒川セルポートの駐車場において、FVにみんなで乗り換える。目的地は日光。やはりフランス人は、東照宮の歴史ある文化に触れてみたいという。フライトプランは携帯から申告し、そのままエプロンでフライトモードにする。翼はスペースを節約するため格納中はたたまれているので、いちいち飛ぶ前に広げる必要がある。それも1分足らずのことで、最終のフライトプランの提出やら気象の確認やらでいつもあっという間に過ぎていく。フランス人夫婦は、子供のようにはしゃいでいる。飛び立つとルートは自由なので、ちょっとスカイツリー寄りに飛んで、にょきっとしたあの建造物を眺め、日光方向に飛ぶ。

宇都宮では、山の上のスキー場がやっているセル空港に降りるか山の下のセルにするか迷ったが、やはり下に降りることにした。あのグニャグニャとしたいろは坂を地上走行で降りるのは、なんとも間抜けな話だ。たぶん、みんな上に行く時には、フライトモードで飛んでいくに違いない。そういえば、ＧＰＳの画面に「いろはルート」なんていう、すぐ下のセルと中禅寺湖奥のセルを飛ぶ場合に推奨されているルートが表示される。みんな考えることは同じなんだなと思う。そんなことを考えているうちに、日光までの30分のフライトはあっという間だった。

下のセルは宇都宮市営なので、混雑時には市役所職員が案内しているようだ。つたない言葉遣いでわかる。ランディングのクリアーが来たのですぐに降り、エプロンで羽をたたんで地上走行モードにする。ＥＴＣで着陸料金は８００円とのこと。東京の１５００円よりかなり安いので驚く。途中帰りの燃料が心配なのでガソリンスタンドに立ち寄る。給油している間も、フランス人夫婦はＦＶに興味津々。これを持って帰りたいなんて言う。値段をいつも聞かれるが、１０００万円しないと言うとまた驚く。かつてヨットを共有していた仲間が、そのままこのＦＶに乗り換えたので、５人で出し合った。１人２００万円の出費。ＦＶを買った人の中にはレンタルしたりエアタクシーをしたりして稼いでいる人もいるようだが、５人の海の仲間はそういうことはしないでという取り決め。おかげでＦＶシェアサイトのソフトで、みんな平等に使えるように工夫できている。単純に言って週に1日は使えるし、長期に使う時はその分ためて使えばいい。そのへんはヨットと同じ。みんな家族を乗せて軽い旅行に行けるので、ヨットで男ばかりの趣味とは違い、奥さんも公認だ。最悪、このＦＶが使われている時にどうしても飛びたい場合は、さっきのＦＶシェアサイトでレンタルできるから不便はない。逆に自分たちのＦＶをしばらく使う予定がない時にはレンタＦＶにすれば、少しだがお金を稼ぐこともできて、月によっては格納経費が賄える。自動車のカーシェアというシステムがそのまま小型機やＦＶで使われている。

日光東照宮や金谷ホテルでの昼食の後、フランス人が「上空から見えた滝を近くで見たい」と言う。やはりなという思いでＦＶに戻り、そのままさっきのいろはルートで上のセルに着陸し、さっき空中から見ていた滝の駐車場に着くと夫婦は興奮しきりだった。

帰りは、そのまま大洗のビーチサイドレストランで食事。いつも行くゴルフ場の少し南に、行ってみたかったシーフードレストランがある。東京のレストランとついつい値段を比べてしまうのはこの距離からして不公平だとは思うが、ＦＶを始めてからそういう癖がついた。都心は高くつくので、しっかりとしたディナーなら家族でも必ずＦＶで行く。そのほうが安いし満足度も高い。都心のレストランは、ＦＶのおかげで郊外の熱海、軽井沢、伊豆あたりのレストランとも競争しなくてはならなくなった。そういえばＦＶの普及で都心の地価は下がり、一方で地方のそういう場所の土地の値段は上がり始めたという。

フランス人に言わせれば、ＦＶがあればパリなんかには住まない、ランスがいいとか、いやムーランのほうがうまいものが多いとか、やはりフランス人は議論が好きだ。議論の間、雄太は幸せな気分で海を眺めた。昔、地方と都心の経済格差とかストロー現象なんて言われたけど、ＦＶがあればそういうことも、もっともっとなくなっていくんじゃないか。自分はいい国に生まれたと思う。

雄太は操縦があるので飲めなかったが、ほろ酔いのゲストを乗せて、大洗のゴルフ場セルポートから飛び立つ。もう暗くなっているが、管制を受けながら江戸川セルポートを目指す。やはり30分もかからずに着陸。眠っていた2人を起こして、自動運転車に乗り込む。自宅に戻ったのは夜の9時。明日の商談はうまくいきそうだ。

4. 岐阜

武志はＦＶを買おうかどうか迷っている。現在近くのセル空港に自分の軽飛行機を持ち、そこの管理人もしている。ビーチネットのエアタクシー業務に登録し、今は週3回、東京～大阪間のセルポート（小型飛行機用の空港）をエアホッピングして、荷物を届ける仕事をしている。

ドローンを使った自動宅配の需要はうなぎのぼりで、ほとんどの軽貨物はこのシステムを使っている。貨物に取り付けられたＩＣチップをドローンに入れるだけで、あとは自動で飛んで近所へ配達してくれる、しかし、そのドローン基地は各地のセル空港であり、そこまでまとまった荷物を運ぶのが武志らの仕事なのだ。行くセルは毎回違う。なので、直前にならないと飛行ルートは決まらないが、大まかには千葉にある大手物流会社のセルポートから大阪のセルポート方向に向かうという西進ルートは同じ、その時、着陸するセルポートが荷物のあるなしで決まるという仕組みになっている。それぞれのセルポートには自分と同じような管理人がいて、ドローンに荷物を詰め替えて近所へ配送する。そうすれば、朝頼んだ荷物が日本中どこでもその日のうちに到着する。

最近、武志は、東京で仕事をしていた人が何となく浜松セルに多く住み着くようになったような気がしていた。ここの千葉からの荷物量がいつも安定して多いからだ。あともう一つ、飛騨高山にも地方在住で仕事をするそういう都会人（？）が増えたような気がする。何やら書類とか本とか、そういうものの配達が多いから。まさか、田舎のおじいちゃんが本をそんなに頼むはずはないだろうというのが武志の感想。

この飛行機のアルバイトで、1回に2万円から3万円の利益になる。週3回として6万円、月に24～30万円の収入があり、岐阜の田舎でなら十分暮らしていける。これ以外にやっている仕事では、ビーチネットのエアタクシーを登録している。スマホのビーチネットアプリで呼び出されることもあり、1万から2万円、時にはドーンと5時間飛んで10万円稼ぐこともある。飛行機の整備代や燃料費は自分持ちだが、機体購入のために借りた５００万円は余裕で返していける。

ビーチネットは優れもので、当日の風向風速などを瞬時に判断し、エアタクシーにかかる燃料の消費量が自動で計算されて料金に加算される。また機体の登録もしているので、減価償却や整備費などもそれぞれのタクシー配車時に計算し、それらをコストとして自動で請求してくれる。武志の心の中ではこっちのほうが本業という感じだが、安定しない。そのために始めた荷物運びのエアホッピングのバイトで稼ぐほうが、残念ながら今は多い。

このエアホッピングで運ぶ荷物に少しずつ生鮮食料品も増えていて、面白いのは千葉や大阪のハブになっているセンターセルポートを経過せずに、伊豆から浜松とか静岡から岐阜とかそういうのが増えている。

かつてイーコマースが発展したその裏に宅配便というインフラがあったように、このエアタクシーを利用したセルポート間の物流は、地方から地方という独自の進化を遂げているようだ。こうなると巨大消費地東京にいるのと、地方にいるのとで物流コストは変わらないというより、地方同士の物流コストのほうが安くなってきているので、ますますそっちが増えるという現象が起きているように思う。山手線とか環状線にいったん出て、ハブ空港に集約してから地方に配送というそういうハブ経由の物流という構図は重くて、20世紀の遺産、とても古いもののように思えてくる。

一仕事終えて岐阜にある自分のセルに着陸。個々の荷物は多くはないが、いくつかドローンに積み込んでＩＣ登録しスイッチを押してドローンが飛び立つのを見届ければ、今日の仕事は終わったも同然だ。ドローンが帰ってくるまで新聞でも読んで待っていよう。荷物の受け取り側にはすでにメールで到着時間は通知済み、カラのドローンは30分もすれば帰ってくるだろう。

新聞のページを開いた武志の目に飛び込んできたのは、「トヨタ、ＦＶ新工場を北米に建設」という見出し。空飛ぶ自動車のＦＶは、国内の名古屋工場で自動車生産の空いたラインを利用して始まり、今や九州にもう一つ専用の生産ラインを持ち国内需要に対応していたが、輸出も増え海外で急速に伸びている需要に応えるため、北米でも工場を新設することになったという。国内の自動車メーカーは、どこもFV生産を始めている。FVもいろいろな機種が揃う時代になっていたが、こんなに早く北米に進出とは。社長によると「FVはフューチャービークルとも読める。将来はわが社の生産台数で通常の自動車を抜き、FVが上回るのは時間の問題だ。ならば、自動車で経験したお互いの国の利益を重視し尊重してこそ、貿易摩擦なき新時代のFV普及に貢献できる。だから、早い段階で北米工場を建設することにした」とコメントしていた。

武志は、自分の旧来型のセスナ型小型機をFVに買い替えるかどうかをいろいろな観点から検討中で、ますますその時期が近いように感じた。ただ、FVの機体性能はやはり既存の小型機にはかなわないところがある。今日のように4時間は飛べないし、荷物の量もまだ少ない。本物のパイロットであり続けたいという武志の感情がまだ勝っていて、しばらくは今の愛機、トヨタ製のT－7を乗り込んでいきたいとも思う。これならばまだ普及が進んでいないため高価なFVより安い。500万円くらいで手に入ったし、部品やメンテも近くの名古屋トヨタセルポートでいつでも受けられる。大昔のセスナのように、メーカーがアメリカで何かと時間やお金がかかった飛行機とは天と地の差だ。そして、日本のどこへでも気軽に飛べる。

ＦＶでは1時間の飛行が限界で速度も１２０ノット、Ｔ－7なら6時間１４０ノットで飛べる。北海道から九州まで飛べる。ＦＶはやはり飛行機としてはまだまだ子供だが、全国に普及したセルポートのおかげで、これまで車で3時間から4時間かかっていたところが15分から30分という単位になり、生活の時間軸と都市と田舎の距離はもうなくなったと言っていいだろう。

そういえば、東京オリンピックの後に暴落すると言われた地価だが、都心部は確かに暴落したものの、地方のセルポートの周辺ではかえって上昇しているという。そこに目を付けた不動産会社が、セルポート付きのショッピングセンターと病院を併設した複合施設を開発するケースが増えてきた。もちろんカジノ付きのＩＲ施設にそういうセルポートは欠かせない。そのうち、ＦＶ用のセルポートを備えたマンションの建設もするという。法律で、セルポートは必ず公共の用に供しなくてはならないとあるので、そういうマンションができればもっとＦＶで行ける場所は増えるわけだ。マンションの住人としても、セルの離着陸料が副収入になる。ＦＶはそういう効果も生んだようだ。

そんなことを考えていると、ドローンが自動で帰ってきた。明日はビーチネットでエアタクシー業務が入っている。どんな客なんだろうかと楽しみにしつつ、明日着ていく4本線の入った機長パイロットの制服をハンガーにかけ直して、自分のセルポートをあとにした。夕闇に浮かぶ武志のT－7に「明日もよろしくな」と声をかけている自分がいた。

5. 兵庫

玲子は、高翼（機体の上部高いところに翼のついている飛行機）のセスナにそっくりな日産N－3を、ゆっくりと但馬空港の大学専用エプロンに侵入させた。

「今日のフライトはよかったよ。大分、返しにも余裕が出てきたし」

コーパイ（副操縦士）席に乗った教官が、玲子の緊張をほぐすように声をかける。

あともう少しでパイロットになれる。大学生の玲子はそう実感しながら、最後の駐機と点検を済ませた。30時間は乗っている。法律で決められた試験が受けられる最低の40時間まで、あと少し。大学でバイトもこなしながらのこの1年間は充実したものだった。これまでにかかったコストは約150万円。ビーチネットの教育ローンを組んでいるので、飛行訓練にかかる費用は苦ではない。ビーチネットは、パイロットになるまでの費用約200万円を学校と提携して組んでくれている。半年ごとに発生する学費はビーチクレジットから支払われ、玲子はそれを10年のローンで返せばいいから、月に2万円程度だ。就職がすぐにできればいいが、できない場合には、ビーチネットの荷物を運ぶバイトをして稼ぐ方法も提供されている。でも、それも楽しいと玲子は思う。何と言っても飛べるのだから。

飛行教官はもとANAのパイロットで、退職して飛べなくなるや、このビーチアビエーションの教官に応募して、家族から離れても飛ぶことを選んだという。そのうちに自前のFVを買って、自宅のある神戸から訓練地であるこの但馬空港に通うのが夢だそうだ。フライングジャンキー。飛ぶことを諦めない、そういう姿を玲子はかっこいいと思う。

空港内にあるビーチアビエーションが実質運営している大学の教室に戻ると、尚美がいた。尚美は近くに住む主婦で、介護士の免許を持って忙しく働いている。最近、自宅から車で2時間の距離にある大阪千里のほうで地区の介護の仕事に就いた。都市部の介護難民問題は東京だけでなく、大阪圏でも深刻だという。少ない介護士を確保するため、自治体でセルポートを整備したとは聞いていたが、尚美のように飛行訓練に来ている介護士を見ると、こんな主婦でも飛ぶんだーと最初は驚いた。

尚美が目指しているのはFV専用のライセンス。上空ではオートパイロットでしか飛べない。しかも飛行時間は1時間以内と決められている。はっきり言って高度も低く、自転車に乗る程度の訓練で取れる。試験を受けるのに必要な飛行時間も、玲子の4分の1、10時間でいい。そういえば、1か月前から来てる尚美は毎週来てるから、そろそろ卒業かな？

「玲子さーん、元気ねー今日も。どうだった？　いつ試験なの？」

「尚美さんと違って、私はフルライセンスなんで、まだまだです。それより尚美さんは？」

「そうだったわね。私は来週もう試験よ。早いわねー、もう1か月たつんですもの」

ＦＶライセンスはパイロットとは呼ばない。世間ではセルホッパーなんて呼ばれているが、グラスホッパー（昆虫のバッタのこと）から来た造語らしい。

教官が、尚美と出て行った後、玲子は今日の復習とログブックのチェックにかかった。自分はパイロット。そのうちジェット機で海外路線なんかの機長になりたい。このログブックを記入している時、それがもう間近にあるというのが実感できる。最初はＦＶライセンスを先に取ろうかとも考えたが、本当のパイロットを目指すなら自動操縦しかしないＦＶライセンスから入らないほうがいいというアドバイスも多く、こっちを選んだ。それに、パイロットコースなら大学の単位にもなるというのが大きい。卒業資格のうち体育と工学、それに物理学の単位として、玲子の学校では認めてくれている。理系なのでこの学科だが、文系なら体育、法律、経営、語学、心理学関係の単位になるという大学もある。

教官からよく言われるのは、パイロットは飛び屋や職人じゃだめだということ。操縦だけ、飛行機だけしかわからないような人間では、職業としてのパイロットは無理。外国の空港に行けば無線でのコミュニケーションや語学力もいるし、日常から公海上の機内ではパイロットがすべての判断を下す。ＣＡや乗客との関係を円滑にするというのも重要な資質だ。そして何より重要なのは、物事を全体として有機的に把握し、緊急事態、エマージェンシーにあっては、冷静な判断のできる資質、それがないとダメと言う。玲子は、そういう人格形成までも必要なパイロットを選んだことに誇りを感じている。

ＦＶを持たずＦＶライセンスもない玲子は、但馬空港から車で3時間かけて大阪の下宿に戻らなくてはならないが、それも苦ではない。パイロットになれば自動的にＦＶライセンスもついてくるし、ＦＶを買うのも簡単にできるだけの報酬が見込める。それよりも来週のシラバスに向けてどういう準備が必要かを玲子は考えながら、ＦＶのおかげで今は交通量が少なくなった高速道路を走っていた。

6. 沖縄

菜々美は、名護市にあるＦＶフライトコントロールセンターの事務員だ。那覇に住んでいるが、豊見城のセルポートからいつも10分の飛行で通っている。ＦＶには位置情報をネットで把握する端末が付けられていて、全国のどの機体がどこにあるかの情報がリアルタイムでここ名護市に送られてくる。

菜々美の仕事は東北エリアの状況監視。東北エリアを飛ぶFVの様子を管理して、異常があれば、例えば急に蛇行するとかオートパイロットが切れているとか、そうした状況がないかに目を光らせることである。

FVの飛行システムは、各FVに搭載されたコンピュータAIで決められたセルポート間の航空路を飛ぶ方式だ。しかし、急な天候の変化や最も危険な積乱雲の発生があれば、それをこのセンターから、その近辺で飛んでいるか飛ぼうとしているFVに伝える。と言っても、データをFV搭載のコンピュータに送るだけなので、言葉のやりとりはない。危険な雲の発生については、千葉県の気象情報会社からこのFVフライトセンターに送られる情報で把握する。竜巻や積乱雲の発生でそのエリアを飛ぶのが危険な場合、FVはその情報を受けて自分の飛行経路に当たれば自動的に出発しない仕掛けになっている。その場合、FV側のコンピュータが代替手段を提示する。カーナビで有料道路を通るかそれとも一般道で行くかという違いでルートを変えるように、FVも通れないエリアを自動で避けて飛ぶ。

ほとんどがコンピュータのデータのやりとりで静かに粛々となされていくが、そのネットワークに異常がないか24時間交代で監視する。研修を受ければ誰にでもできる仕事だが、責任ある内容から応募者が多い。時給は１５００円と高いので、いいバイトだ。１日６時間監視業務に当たり、約１万円の報酬。１か月で30万円。それに、菜々美もローンで買った自分のＦＶをビーチネットのシェアに出すので、賃貸料で月５万くらいは臨時収入がある。自分のＦＶを人に貸すというのも、このシステムを知ってしまうと安心してできるようになる。もともとＦＶは自動で飛ぶものだというのが、実感として湧いてきたからだ。

同じ職場の同僚の中にはＦＶを何機も買って全国のセルポートに置き、ビーチネットを通じてリースすることで利回りを生んでいる人もいる。８００万円程度のＦＶで、十分１０００円、１時間６千円程度で貸す。30年ローンが可能なので、維持経費を入れても月３万円はしない。なので、月に５時間、１日10分レンタルできれば、何もしなくても儲かるという仕組み。みんな大体１回15分から30分のフライトなので、１人が借りれば往復でペイする。

レンタカーならぬレンタＦＶは、使う人がリピーターばっかりなので使用頻度が読める。なので、１機のＦＶで毎月５万円のおこづかいができるというのも珍しいことではない。それに最近は、ビーチネットで狙い目のレンタルスポットを教えてくれる。そういうのをこまめに拾えば、いいビジネスになる。それ以上に、全国のＦＶの動きがわかる画面をいつも見ているから、なんとなく、ああ、あそこに置いたら儲かるだろうなーっていうのが菜々美には読めてくる。最近、そういう情報をもとにＦＶをいくつも持って投資する会社を作る予定だ。悪いこと？　そんなことはない。ビーチネットは、リアルタイムでＦＶの動きをネット上で閲覧することができるようになっている。一般のネットと違うのは、その個別の機体番号がこの名護のセンターでは調べようとすればできるということだけ。そんな個別の番号なんか意味がないし、その情報は個人情報保護法で開示できない決まりになっている。なので、他の人より有利ということがあれば、それは仕事としてＦＶの動きをいつもボーっと見ているということか。他のエリアは見れないが、東北地方の様子なら頭でいつでもシミュレートできるくらい見慣れてしまった。朝の通勤時、昼の買い物？　休日の動き。これは暇ならネットで誰でも見れることだ。

菜々美はセンターのセルから飛ばないで、自動車モードのまま名護市内のステーキ屋に寄った。今日は、ＦＶ投資会社の話に集まった同級生との食事会だ。沖縄では、結構市街地でもみんなＦＶに乗っている。すぐ対岸の伊江島にきれいな別荘を持っている東京の投資家も来た。ネットで集まった仲間。彼もさっきＦＶでやって来た。帰りは、やはりまた島までＦＶで飛んで帰るそうだ。ＦＶは島のデメリットをなくした。今では逆に離島のほうがおしゃれで高級な邸宅の多いイメージになって、地価も高い。そういうところにプール付きの別荘を持って、普段はＦＶで生活、東京に帰る時はエアタクシーで帰るという人がほとんどだ。

エアタクシーなら、いつでも予約すれば自分のいる離島から直行で東京荒川のセルポートに降りられる。空港のラウンジ？　そういえば、昔、空港での待ち時間を潰すために、メンバー専用ラウンジなんてあったよなーという話になったことがある。そこで飲みたくもないビールなんかをやって時間を潰す。昔は優雅な感じで宣伝されたが、今ではダサいとしか言いようがない。飛行機を空港ラウンジで待つなんて、今では考えられない。自動車の世界でも、自家用車が少なかった時代はバス（乗合自動車）というのがあって、バス停で何十分も待つということはあった。今ではほとんどの人が自家用車で動き、バス停は前時代的なものになってきている。どんな豪華な待合所でも、バス停で待つなんてダサい。飛行機も同じ。かつて大手エアラインしかなかった時代には、定期便（乗合飛行機、飛行機のバス）の時間を空港で待つのが普通だったが、今では自家用もしくはエアタクシーで自分の行きたい時間に行きたいところへ飛べるようになった。飛行機の世界では自家用機時代を一足飛びに超えて、エアタクシーそしてカーシェア（ＦＶシェア）の時代に一気に突入してきたような気がする。

エアタクシーはジェットに比べれば遅い。飛行時間はジェットで東京まで2時間半のところ、どうしても3時間半かかる。そのかわり、自分の近くの空港からこういう待合室とかで待たないですぐに乗り込むから、全体の時間としては断然エアタクシーのほうが早い。例えば伊江島から東京。これまでは那覇まで船や車で出て、そこから東京へ向かう。方向が逆だから明らかにエネルギー的に無駄とわかっていても、そうしないと飛行機に乗れなかった。しかし、今やビーチネットで呼べば伊江島までエアタクシーが迎えに来る。時間も自由。なので、全体でかかる時間は以前より2時間は短くて済む。そしてまた、行った先で自分のＦＶとか持っていれば、家や旅館ホテルまですぐだ。空港レンタカーのように、レンタＦＶをハブ空港に置くというビジネスは、大手レンタカーが一挙に進めてしまった。そのため菜々美らはこまめにデータを分析して、地方の必要度の高いセルポートを狙う。全国には、今で２００以上、将来は２５００くらいのセルポートが出来るというから、ビジネスチャンスは無限にあると思われた。「そんなにセルが増えるんだったら、ＦＶの普及も進んでレンタルなんてなくなるんじゃない？」と誰かが言ったが、菜々美はそうは思わない。新しいセルには最初、飛べない車でやって来て、ＦＶの使い勝手を確認する客が多いのを知っているからだ。そういうのは、飛び方を見ていればよくわかる。

セルから飛び立って一旦最寄りのセルに着陸し、昼食なんかした後にまた帰ってくる。その間1時間。大体こういうのはレンタルＦＶだ。そのうち通勤に何度か使うようになり、定期的に動くようになれば固定客がついたものと考えられる。最近では移動型のレンタルＦＶをたくさん用意して、会員組織でシェアするサービスも増えてきた。そういうところのＦＶ

はいつもどこかを移動していて、規則性がない。

ＦＶの現在位置は、所有している会社も菜々美のＦＶセンターのデータからでしか把握していないのではないかと思う。菜々美の交通センターとは別に、各メーカーがやはり自分のところで作ったＦＶの位置や稼働状況、メンテナンス状況などを把握するようになっている。そういうメーカーのデータセンターって、世界地図の上をあちこちでＦＶが移動してるんだろうなと想像すると、自分のいつも見ている東北エリアの地図がちっぽけなものに思えてくる。

今日の話し合いは、また飲み会になってしまった。沖縄人は飲まないと盛り上がらない。そういうのを理解してか、ここ沖縄では、ＦＶの完全自動運転の実験エリア特区に指定されている。菜々美たちはほろ酔い気分で自分のＦＶに乗り込み、近くの21世紀公園にあるセルポートまで自動車を自動運転して、その後はセルポートの運転代行さんに頼んで離陸スポットへ移動し、自動離陸で豊見城のセルに向かう。最初完全自動のホッピングは怖かったが、データセンターで完全にコントロールされているのを知っている菜々美は余裕で夜空を眺められた。豊見城のセルポートでは、着陸後に停止。そこでまた運転代行さんが自宅までの自動運転開始スポットまで運転してくれる。そこまで来れば、あとはオートドライブで帰宅できる。車庫入れはせず、そのまま母親を呼び出して入れてもらった。

沖縄の離島、伊是名場外離着陸場（著者山下が15年ぶりに小型機で着陸した時の様子）

菜々美は、今日、東京の別荘族のおじさんが誘ってくれた週末の日帰り東京旅行に一緒に行こうかどうか迷いながら、眠りについていた。

＊いくつかの都市の未来の日常を紹介しましたが、飛行の費用は2018年現在のものを参考に、小型機で飛んだ場合の現実的な数字が示されています。例えば、着陸料は現在ほとんどの空港で千円前後、1時間の燃料費はおよそ1万5千円で、機体をチャーターしパイロット込みで1時間2万5千円〜3万円。20××年にはもっと経済効率は良くなり、安く飛べる時代が来ると思います。

第1章　今の空

1．何しに来たんですか

ここからは今の話、現実の話です。

先日仕事で新潟空港に行った時、1泊した高層ホテルから日本海を眺めていたら、つい佐渡に行きたくなった。というより新潟が都会すぎて、裏日本に来たー！という感じがなく、日本海を感じたくて帰りに佐渡に寄ることにした。新潟空港は国際空港。設備としては世界レベルで、超一級の空港だ。まずは空港の種類からお話ししましょう。

世界には、空き地に勝手に降りてくださいという空港がたくさんある。というか、小型機で利用する空港はむしろそういう空き地空港のほうが多いという感じだ。例えばバヌアツでは、週に2回ぐらいしか飛行機の来ない空港は普段、子供たちのサッカー場になっている。飛行機が来たからといって放送があるわけでもなく（そんなスピーカー施設すらない）、軽飛行機がブーンと現れればみんなわらわらと滑走路の端に逃げていくという感じだ。空港というより飛行場、運動場。もっと言えば、広いグランドに飛行機が降りてくるといったほうがしっくりくる。

で、そういう空き地飛行場に降りる手順というのは、ちゃんと世界標準で決められている。というか、パイロットライセンスは世界共通の国際免許なので、日本で資格を取る場合でもそういう空き地に降りるルールは習う。もっとも、バヌアツでそのルールが生きてるんだとわかったのは、飛行機を借りたニューカレドニアの航空会社のパイロットから注意点を聞かされた時だったが、そう言われればそんなこと習ったなという感じである。

ルールその1、まずアナウンスメント送信をする。

管制塔のある空港では、タワーという管制塔の周波数で「降りたいんですがどうしたらいいですか？　ご教示ください」という通信をして、管制官から「そのまま降りていいですよ」と言われるか、「今、定期便が降りようとしてるから、ちょっとA地点でぐるぐる回って待ってください。予定では3番目になります」とか言われる。空港の様子など気にすることなく、この無線指示に従っていればいい。ところが、そういう管制塔のない空港では自己責任で判断しなくてはならない。

というか、まず滑走路（？）の空き地の上を低空で飛び、降りれる状態かどうかを目視で確認する。空き地に子供たちが遊んでないか、牛さんやヤギさんがたむろってないか、草が生えすぎて降りれない状態になっていないかといったことを自分の目で確認し、その後、近所に同じように着陸しようという機体がないか、世界共通の決められた周波数でアナウンスメントをする。「これからこの空き地に降りますよ。他に降りる人もしくは離陸しようとしてる人はいませんか？　いたら気を付けてね、もしくは教えてねー」という感じ。

この無線、十中八九、誰も聞いていません。近隣に降りようとしてる飛行機がなく誰もいない状態では、この周波数で話してる人はいませんから誰も聞いてないんですが、聞いてる人がいたらその人はこの空き地飛行場を今同時に使おうとしてる人ですから、「お先にどうぞ」とか「ちょっと待って、もう出発するんで。先に出ます」とか反応があります。イメージで言うと、誰もいない広場で拡声器かなんかを使って「おーい、誰かいるかー？」と叫んでるようなもの、叫んでもシーンとして反応がなければ誰もいないんですから、着陸を実行に移すという具合です。

実は日本にもそういう空港がたくさんあるんです。沖縄の伊江島がその一つ。何年か前、そこに到着してヘリで那覇から迎えに来てもらったことがありました。別荘地を写真に撮るのに一人で操縦しながらは無理だから、伊江島に迎えに来てもらったような気がします。神戸から伊江島までは一人で飛びました。

で、この時、ラジオでアナウンスメントするばかりでなく、迎えに来てもらうヘリのカンパニー無線を使おうとしたんですが、断られたのだけははっきり覚えています。カンパニー無線はそういうヘリの運航会社なんかが自分の社内で使うための周波数で、地上の事務所なんかに「あと5分で到着するから、地上のお客さんの出迎えとか準備お願いしますね」なんていうのをやりとりするやつです。基本的に運航全般にかかわって使うので、汎用性が高い。で、この時、伊江島で一番危険な状態は、自分の到着時間に合わせてヘリが迎えに来るんですから、お互いが正確な時間に来れば来るほどニアミスの起こる確率が上がる。それを懸念して最初に述べたアナウンスメント通信だけでなく、カンパニー無線の周波数でも最終的にお互いどの辺にいて、いつ頃到着するかを調整したいと思ったんです。

ところが、無線の管理士さんというか責任者の方からは「カンパニーは使わないで」と言われちゃいました。理由はよくわかりませんが、私の機体がその会社のではないから、それと通信することはできないというような内容だったような。でもね、カンパニー無線の周波数は公開されてますし、私としては当日それで勝手に呼び出せば相手のヘリはそれを当然聞くわけで、聞かなかったとしても地上の相手方事務所の人が必ず聞いてますから、そことやりとりしつつでもよかったんですが、こういうの外国だったら勝手にやっちゃいますね。日本の場合、そこは担当者の顔とかあるし、イレギュラーな通信が急にあって混乱を起こさないようにという配慮でそういう提案をしたんですが、にべもなく断られました。

ちょっと横道にそれますが、日本の飛行機関係者は結構お高くとまってるなというのが感想です。なんというか、飛行機関係ということで全員が保守的。本当に理解していないルールを振りかざすことしか能がない。そういう対応にはいつもうんざりです。それが小型航空機産業を狭いものにしている。反対に「おっ、いいじゃない、世界標準で」っていうのは、この伊江島の空港管理をしてる伊江村の方でしたね。

そこでルールその2、空港滑走路の路面状態をパイロットの目で確認してから降りる。

ということで、前の日、確か屋久島あたりから伊江村の空港管理事務所に、「明日、行きますが、その時、時間とかもう一度携帯とかで正確にお伝えしましょうか?」って聞いたら、「そういうことはいいです。明日は土曜で役場が休みなんですが、時間があったら午前中にでも滑走路の様子を見ときますから、最終で目視確認していつでも降りてください」というような内容だったと思います。

そう、伊江島空港に民間機は自由に離着陸できません。隣に米軍の訓練用滑走路があるからです。ウィークデイは訓練飛行があるので民間機は許可なくして進入できない。で、伊江島の民間用滑走路を管理してるのは役場なんだけど、逆に土日は休み。空港を民間が使いたい時、というか使える米軍の訓練が休みの時には管理している役場が同時に休み。ね、こういうところも、たぶん誰も矛盾を感じないでやってるんでしょうね。実際に降りれるのは、休日に限られるのに、空港を管理している役場は休日が休み。ヘンでしょ。小型機なんて一年に何回かしか来ないいんですから、それでも支障はないでしょう。でも、初めて行くほうとしてはちょっとパニクルわけです。なんで、どうやって当日使用していいのやらわからず電話したところ、そういう回答だったのです。

うーん、アメリカっぽい。一応見に行けたら行くけど、勝手に自己責任で降りてねという回答は。気に入りました。で、そうか、習った通り、自分で目視確認の後、降りりゃいいのねというのも、バヌアツの経験を思い出したというわけです。

そして最後に、ルールその3、降りたらリモート無線もしくはフツーの携帯電話で航空局にフライトプランのクローズを要請すること。

これは、飛行機は飛ぶたびにフライトプランを提出（といっても携帯電話でできる）してから飛ぶので、ちゃんと到着して着陸しましたというのを連絡しないといけません。もし、それをしないままほったらかしたら、こういう無人の飛行場なら誰も降りたことを確認したりしてませんから、どっかに不時着したり緊急事態になってる可能性もあり、その場合、捜索救援活動が開始されてしまうというわけです。

そうやって、ちゃんと降りましたよーって報告して、一連の無人空港への着陸手順を終わります。こういうのをやって初めて、あー離島に来たな、なんて思うことがありますが、今回降りた新潟空港はタワーもあるので、着陸したことはタワーが勝手に処理し、フライトプランもクローズしてくれます。管制もきっちりで、まさに都会の大空港。日本海を感じません。で、大阪への帰りに途中佐渡島に寄ってみようという気になったのです。

佐渡空港は佐渡島のくびれた場所、湾のような海岸にある。滑走路の一端が海側、その反対が山側で、しかも小高い山が迫っている。どっちかというと降りにくい。当日は曇りがちで、新潟から日本海を渡って海岸線の滑走路が見える頃には、その向こうの山が気になった。手前で旋回しながらスピードを落とし、狙いを定めてのショートランディングでした。着陸すると管理事務所から、誘導のために人が飛行機の前までやってきました。どこに駐機すればいいか、タワーがあるところなら無線で確認できますが、この時ははっきりしない状態。前もって指定されている場所は、なんとターミナルビルのド真ん前で「ほんとにここ止めちゃっていいの?」って迷っていたら、誘導に出てきてくださったというわけです。

佐渡空港は、さっきの誰もいないリモート施設もない伊江島空港よりもう一段階上の設備がある空港で、リモートといいます。空港周辺の空域を管制してくれる管制官はいるんですが、実際には仙台にいて無線でやりとりできるけれど、その人は実は空港にいません。カメラで見てますが、エプロンまで来たらあとは勝手にどうぞって感じなんです。

さっきのルールでいう、その2、滑走路の様子を自分で確認するという必要がありません。リモートコントロールですが、レーダーで周りの飛行機の管理はしているし、テレビモニターで滑走路の様子も見ててくれるというやつです。離島の空港で定期便が来るところは、大概この形が多いです。なので、佐渡も当然定期便が来てるんだろうなーって感じで思っていましたから、まさか一番ターミナルに近い場所に駐機していいとは思わなかったので焦ったわけです。

戸惑いながら、機体を横付け、降りたらすぐそこにガラスのドアと、保安検査場に入る入り口が待っています。が、中は真っ暗。促されて入る入り口は、その左手、空港管理事務所のドアでした。

「次の定期便はいつ来るんですか？」

当然、邪魔でしょうからそれまでには移動しないといけないと思って質問したところ、「定期便はもう飛んでいません」という悲しそうな返事。まずいことを聞いたかなと思い黙っていると、管理事務所の職員の方が「何しに来たんですか？」と聞く。向

佐渡空港。ターミナルビルの前に駐機

こうにしてみればこんな離島の空港に小型機で一人、なんかラフな格好で降り立つパイロットなんかいないのでしょう。思わず「えっ？」と聞き返していました。

新潟からも東京からも定期便が来なくなってちょうど半年くらいたつとのこと。小型機で温泉に入りに来たというような話をすると、変な生き物を見るような感じで見られたような。小型機でしか気楽に来れないじゃないですかとか、新潟から神戸に帰る途中にちょっと佐渡の温泉に入りたくて寄ったなどという話をしました。

こっちは特に急ぐ用事もないので、管理事務所の椅子に掛けて話が始まりました。その間も滑走路の路面管理やら航空灯火の点検やらの話で、電話はしょっちゅう鳴っています。当然ですが、リモート空港の指定を受けている以上、最初に説明したバヌアツの運動場にある飛行場とは違って、ちゃんと管理しなくてはならないんですね。空港管理事務所の無線で、電気系統の点検終了とか、野鳥対策のパトロール時間の調整とか、この管理事務所だけは定期便が就航していたままの忙しさがちょっと悲しい感じを伴って継続していました。というか、その時代を失いたくないという、管理者である佐渡市の行政の意気込みというかそういうのを感じながらの会話です。

「なんで来たんですかって、ちょっと寄って温泉に入ろうと思ったんです」

「へーえ、そんな感じで来た人は初めてですよ」

「そうなんですか？　離島はほんといい温泉が多くて、いつも時間があると仕事の途中に寄るんですが、そういう人いないんですかね？」

「いませんね。そういう使い方でもしてもらえればうれしいんですが、なんか飛行機関係の仕事でもされてるんですか？」

「そういうことはないんですが、今回は新潟の土地を見に来たんですよね。どんな感じか」

「そう、で、どこからですか？」

「神戸空港からです。昨日新潟に来て、１泊して今日帰りです」

「神戸って、これから神戸に帰るんですか？」

「はい。この風の感じだと2時間かからないですよ。コマツ飛行場とかの上空を経由して、京都から南に行く感じで」

「へーえ、飛行機ってどこでも飛んでいいんですか？」

「いいですよ、旅客機は航空路を決められたとこを飛ぶ必要がありますが、私らは気楽なもんです。どこでも行きたい方向に飛べる」

「そうなんですか！　もっと佐渡に来てほしいですよね。なんかいい方法はないでしょうか？　飛んで来てもらうのに」

「昨日新潟の土地見てきましたが、佐渡のこの空港、あっちの海岸方向の北側、結構土地余ってますよね。あそこに飛行学校やら別荘やら建設できたら、すごい楽しいんじゃないですか？」

「ほうほう」.

「そこまで温泉を引くとか、そしたら飛行機で来て別荘泊まって釣りでもして、最高じゃないですか、ここは」

「そうなんですよ。日本海の魚、ここでしかないものもいっぱいありますからね」

そこからはお国自慢になっていった。

管理事務所は、その間も4～5人の常駐の人以外の工事担当の方が出入りしていたように思う。この空港が使われなくなったら、この人たちの居場所もなくなるんだろうなと思いながらぼーっと聞いていると、「温泉で今スグ入れるところで近いのは、ここがいい」と言ってタクシーも呼んでくれたり世話を焼いていただいた。

まだ午前中だったが、紹介してくれた公衆浴場には5人ほどの地元の人がいた。朝の野良仕事の前に入りに来たという感じの人もいれば、昨日の酒を飛ばすためにやって来た風の人もいる。たぶん女子用の風呂にも地元のおばあさんやお母さんがいて、井戸端会議に忙しいのだろう。遠くからいろんな話が聞こえてくる。

そんなのどかな感じの脱衣所で佐渡の水なんていうのをやっていると、ロッカーの中から携帯の音がする。さっきの空港の管理事務所の人だ。空港使用届とか書かされた時に申告していた番号だから相手が知っていてもおかしくはないが、空港から電話があることなどこれまで一度もなかったので、不思議に思って聞いてみると、

「山下さん、さっき仙台の管制官から電話がありましたよ。フライトプランそのままだけど、クローズしていいかって。到着はしてるって言っときましたが、直接機長でないとクローズしないってことなんで電話していただけますか？」

やってしまいました。ルールその3、リモートや運動場の飛行場では、到着したら管制官に連絡してフライトプランをクローズしないといけないのに、忘れてしまった。慌てて言われた番号の相手を呼び出すと、若い女性の声。

「山下機長ですね。フライトプランがオープンのままなんですが、到着されたということでよろしいでしょうか？」

事務的に質問しようとするものの、なんか笑いの漏れてきそうな言い回しだ。そりゃそうだろう。こんなことあんまりないし、機長山下の完全なミスだとわかった上での手順だから。余裕の相手に対して、こちらは温泉の脱衣所で裸のまま、緊張した感じで声を絞らなきゃならない。「すみません。誘導の人に出てきていただいて、リモートだというの失念してしまいました」などと、もっともらしい理由を並べる。この電話も後から考えると、到着予定時

刻を30分経過した場合に相手方機長もしくは運航会社に電話で確認すると航空法に書いてある通り、手順にのっとってかけられたに違いない。もしこの時、山下が湯船かサウナにいて電話を取れなかったら、警戒の段階という近隣空港に対する情報収集とかが始まって大騒ぎになったかもしれない。ま、それまでにさっきの親しくなった空港管理事務所の人がちゃんと報告してくれたからそこまではなかっただろうが、ひょっとしたら「ああ、機長ならご紹介した温泉に行かれましたよ」とか報告されてしまってるかも。彼女の笑いを含んだ口調はそういうとこからかもしれない。

ひと風呂浴びて昼頃に佐渡空港に戻ると、真っ暗な無人のロビーに大学生の男子が3人ほどたむろしていたので話しかけてみた。

「何しに来たの？」

「こいつ飛行機好きなんで、佐渡の離島空港見たいって来たんですけど、なーんにもなくてびっくりしてるんです」

こいつ呼ばわりされた飛行機好きの彼は、少し寂しそうに笑っている。待合室のロビーには全国の離島空港の地図が貼ってあり、《離島にこそ飛行機輸送を！》なんてフレーズもでかでかとある。暗い部屋の中では、そんな威勢のいい言葉が虚しい。飛行機好きと聞いて可愛く思えたので、つい「じゃあ、僕の飛行機乗ってみる？」と聞いていた。もちろん全員イエス。なんだかんだ言って、３人とも嫌いではないみたいだ。

空港の５マイル以内ならフライトプランを提出せずに勝手に飛ぶことができる。その範囲なら空港から様子が監視できるからというのと、空港の管制圏が５マイルだから、その中なら航空局に言わなくても飛んでいいことになっている。５マイルで飛べるのはせいぜい場周経路という空港の離着陸の経路だけだが、それでも初めての人にはちょっとした冒険だろう。この時は、佐渡空港の形状からひょっとしたら安全のために山を越えたりして５マイルを少し逸脱する可能性もあるなと思ったので、携帯で大阪航空局を呼び出して、一応フライトプランを提出した。その電話の最中も学生諸君は興味津々で、講義のように熱心に聞いていました。こういう時は同じ空港に戻るということで、ローカルフライトという言い方でプランを申請します。出発空港名と到着空港名が同じということ。あとは飛んでる時間、この時は確か15分とか言ったような気がします。神戸に戻るのに夕食時の５時には空港に着きたかったので、そんなにサービスはできません。

15分のフライトでも、出発前の確認や機体点検、滑走路上への地上移動など考えれば、全部で１時間かかることもありますから、それが限界でしょう。

空港を飛び立ち着陸するまで、東京のＫ大学生という彼らは興奮しきりでした。飛び上がった時には叫んでたやつもいた。メルアドを交換して彼らと別れた後は、また一人乗り込んで神戸に向かいました。能登半島を眺めながら、さっきの学生さん、パイロットとか空の仕事に就いてくれればいいなと思いつつ、すがすがしい気分で日本海を離れ、京都から神戸に向かった。

2. 屋久島へ行こう

佐渡の温泉は鉱泉のようで硬め、で、雪に閉ざされる冬でもしっかり温まりそうだった。同じ離島でも屋久島の温泉は、反対にトロトロ。どのパイロット仲間にも薦めているくらい感動もの。大体、屋久島に行くには宮崎で給油してから向かうが、細長い種子島の横にあるのですぐわかります。で、島の形がすごい。

たぶん船で行くよりもっと鮮明にわかると思うが、ここは海の上にいきなり富士山が突き出している感じ。手前の種子島なんか、さして高い山もないし、どちらかというと台形の土地の上に種子島空港がある。なので、周りに空港より高い場所がなく、結構安心して降りれる。

一方の屋久島は、にょきっと飛び出した富士山のすそ野、5合目の休憩所、駐車場の場所に空港がくっついているという感じ。海と富士山の山肌に挟まれたような空港は、最初、見つけづらい。海から侵入するしかないので、霧でもかかっていたら空港の向こう側に迫っているだろう山肌が怖くて、どうしてもスピードを落としたくなるような場所にあります。もちろん電波で空港の場所はピンポイントで画面には出てますが、その電波を発信する場所が空港自体より少し山寄りにあるので、注意が必要。越えちゃいけないですよね。

ここは佐渡空港と同じ、リモート。今でも鹿児島とか大阪から結構、定期便が飛んでいるので管制もしっかりされていて、他機の状況は管制官に任せてもいいくらいです。その分、地形や風向きに集中できます。この空港の難点は、駐機場の数が少ないということ。定期便はジェットなので、ターミナルビル前で回転するにはスペースも必要。で、緊急用の消防ヘリやドクターヘリ、警察ヘリなんかが来た時のために1個は必ず開けておかなくてはならないそうで、結果、3機しか小型機は駐機できません。で、夏休みとかピークシーズンには、小型機のタクシーなんかがよくその期間を通じて1個の駐機場は抑えてしまったりするので、私のように一時使用の機体は残りの二つを取り合うような感じになります。駐機場の空きがなくて、屋久島行きを諦めたこともありました。

そういえば、別府温泉や湯布院に行くのに使う大分空港もこういう小型機の駐機スペースが1個しかなくて、2回くらい冬の温泉旅行を他に振ったことがありました。せっかく行こうと思っても、駐機場の空きがなければ仕方ありません。観光地に近い空港は、ピーク時とそれ以外の混み具合の差が激しいので仕方ないとはいえ、大分空港でゲストエプロンが1個だけというのは、なんとも寂しい。3つくらい増設してほしいものです。

この時は家族で久しぶりに屋久島に行きたくなって、ラッキーなことに駐機場を3日分確保できました。神戸の自宅から屋久島に行くには、伊丹空港からJALに乗るか、鹿児島まで飛んでそこから屋久島行きに乗り換えるかですが、どっちもめちゃくちゃ値段は高いです。

2018年7月、JALで伊丹から屋久島まで普通運賃で3万8400円、子供も3万5000円かかるので家族4人で行くと片道で大人2人7万6800円、子供2人7万円、合計14万6800円！！　これ片道ですよ。何とか安いのをと探してみましたが、人気が高いのと飛行機がジェットとはいえ小型なんで、座席数は50か60くらいでしょう、少ないので安いチケットが見つかりません。往復でざっと見て28万円以上！！！かかります。

台湾に2泊とか行けそうですよね、ツアーで。屋久島に行きたいと思っている人は多いと思いますが、この価格ではしんどい。で、小型機だと神戸空港から片道、3万円くらいの燃料費で行けます。4人乗って行けるので、往復で6万円。

自分の飛行機を持っていれば、こんな程度のコストで屋久島やら種子島やら、いろいろ楽しめます。一人で飛んでも同じくらいかかるというのが問題ではありますが、小型機1機分の燃料とＪＡＬ片道一人分が同じくらいというのは、大体いろいろ飛んでみて公式として成り立っていると感じています。小型機の場合、４人以上乗れますから、断然安いわけです。

もし自分の飛行機がない場合、チャーターするなら1時間約2万円で貸してくれるので、2時間片道にかかるとして４万円、燃料費込みの片道は７万円。一人２万円もかかりません。往復で14万円。レンタカーならぬレンタプレーンで、この価格。どうです。さっきのＪＡＬで行く場合の半額ですよね。ま、それ以前に操縦士免許を取る費用がかかってますから、単純な比較はできませんが、離島輸送に限って言えば、定期便より自家用の小型機のほうが断然エコノミーです（逆に、東京〜大阪みたいな汎用路線ではかないませんが）。

そして、操縦士免許がなくてプロパイロットに操縦してもらって小型機で行こうとしたら、エアタクシーですよね。このサービスはまだきちんとしたものがありませんが、例えば飛行訓練をしつつ屋久島に行くという手があります。その場合、プロパイロットに支払うコストは1時間1万5千円ですから、片道8万5千円、往復17万円。どうです、これでもＪＡＬの28万円よりは安い。しかも待ち時間なし。自分の指定した空港から屋久島へ直行です。

例えば、南大阪とか和歌山の人なら、八尾空港から屋久島へ直行。すると、伊丹に行くバス代は浮きます。高松の人は高松空港から、岡山の人は岡山空港から屋久島へ飛べます。高知、松山あたりからなら、1時間か1時間半で屋久島に行くことができる。めちゃくちゃ身近なリゾートに変身ですよね。そしたら、あの屋久島のトロットロの温泉をもっともっと多くの人が味わえる。愛子や三岳っていう焼酎も、もっともっと多くの人が味わえるわけです。逆に、屋久島の人が高知や別府、松山、広島、岡山あたりまで自由気ままに買い物とか、仕事に行ける。島が離島ではなく、都市部の近隣、リゾートのあるベッドタウンに変化するに違いありません。

離島間を結び、既存の空港を結ぶエアタクシーは、日本の地図を変えます。田中角栄が、日本列島改造論で高速道路網により距離を縮めたのと同じように、日本地図に新たなフロンティアが現れるのです。ストロー現象？　都市部と地方が近づいたために、都市部への人口流入がもっと増えてしまった現象をストロー現象と言います。どうかなー、それはネットのなかった時代、自然に寄り添ったナチュラルライフの評価がそれほど高くなかった時代、スローライフなんて言葉もなかった。地方に住むほうがかっこいいし、自然体で楽しめる。そんな今の若者が憧れるのは、どっちかと言うと自然の中で優雅な暮らしであり、昔みたいに東京に行って都市の生活をしたいという人は少ないのではないでしょうか？

みんな仕事がないから東京や大阪圏に出る。でもネットで仕事ができれば、すぐそばにトロットロの温泉があって、水がおいしくて変な汚染がなくて、健康でそして自然の幸に恵まれた生活のほうがいいと考える人は多いのではないでしょうか？　それにエアタクシーで変わる物流は地方の産業を沸き立たせ、若い人の気軽な移住を促すのではないでしょうか？

例えば屋久島。今は伊丹や鹿児島便を乗り継いで一日仕事、お金も7万も8万もかかる距離があるから、若い人が住みたくても住めない。これが、高知の人、大阪の人、浜松の人、みんなエアタクシーで一人1万か2万で、しかも直接島まで自分の実家の近くの空港からいつでも飛べるとなれば、ちょっと京都に住んでみようか、軽井沢に別荘を持とうかという感じで、屋久島に住めるんじゃないでしょうか？　飛騨高山の山や京都の奥座敷貴船なんかよ り、屋久島のほうがずっと経済的にも時間的にも身近になるのですから。

屋久島へ行こう。屋久島中心でエアタクシー、たぶん需要はあると思います。というか、そういう真似事をやっている人はいるんですよね、すでに。その話はまた後で詳しくしていきましょう。

3．北九州苅田町からの電話

屋久島にエアタクシーが出入りするようになったら、たぶん島の土地はもっと値段が上がる。買い手となる人の層が大きくなる分、需要が増えるから。別荘、子育ての第二の家、若いアーティストの住宅兼工房、創作活動の拠点。エアタクシーを利用した物流で、屋久島でとれた作物や魚が、東京や大阪でその日のうちに食べられることもある。島の食品産業、果物、黒糖なんかも様変わりするだろう。観光一本の不動産の使い方が変わる。

飛行機のこの効用に気が付いている自治体は、全国にたくさんあります。そんな自治体から山下に直接飛び込みで電話があることが増えているんです。そのうちの一つが、北九州空港を持つ苅田町。苅田町の交通商工課の課長さんから直々に突然の電話があったのは、何年か前の秋口の頃でした。

最初、私は何の話かよくわからなかったが、その後自宅にいらした、れっきとした地方公務員の苅田町課長の名刺を見て初めて、真剣に聞く耳を持ち始めたくらい。「北九州空港の土地を使っていただけませんか?」というのが第一声だった。北九州空港は海上空港で、24時間の運用が可能。フル装備の空港でスターフライヤーの拠点となり、羽田便も多い。これによって、北九州市に点在する大手企業の工場は東京の本社と緊密につながっている。技術者で緊急の場合、日帰りも可能なこの地域は、たぶん関係者にとって東京近郊の群馬県前橋市なんかよりも近いに違いない。羽田に飛び込めば2時間で着く。しかも、北九州空港から工場のある対岸へは快適に橋でつながっており、そのまま工場まで行ける。この空の便があるのとないのとでは、このあたりの不動産価値は全然違う。

こういう長距離でパイプの太い定期便でも、採算の取れる路線にエアタクシーは要らない。地上で言えば、新幹線の駅みたいなもの。そこまで行ってから、その先へ細かく行きたい場合にこそエアタクシーの利用価値はあるが、そういう乗り継ぎを前提にするとエアタクシーは競争力がなくなる。なぜなら、次の移動は車でも行けるくらいの距離に大体の施設が建設されているから。このことは第2章に詳しく記しましょう。

エアタクシーは、離島もしくは離島に近い辺境の地に向いている。例えば湯布院。あの高原地帯のどっかに、ゴルフのロングコースを一個潰して空港を作り、伊江島やバヌアツみたいにほったらかしでいいから降りれるようにしてほしい。そしたら、大分空港から車で1時間半もかけてまた山を上る必要がない。神戸からでもたぶん2時間もあれば家から湯布院の白濁した張りのあるお湯に浸かれる。そういうのにエアタクシーは向いている（第2章参照）。

苅田町は北九州空港の南半分の土地を持っているというか、一部を町の土地として持ち、一部は国の土地のまま未開発で残っている。この空港周辺の土地を買ってくれないかというのが提案だった。私はこの提案の後、早速北九州空港に行った。もちろん自分で操縦して。

北九州空港へは羽田と名古屋からは定期便が飛んでいるが、大阪からは飛んでいない。自家用機がなければ、山陽新幹線しかない。すると新大阪から九州小倉まで2時間半、そしてバスまたはタクシーで空港まで40分かかる。合計3時間以上。日帰りは待ち時間を入れるとかなり難しい。

これが自家用機なら、神戸空港から北九州空港まで一直線で1時間半で行ける。10時頃出発してもお昼には間に合うし、昼食後、3時頃までいて帰っても神戸の6時の約束には間に合った。新幹線だと1人1万5000円、2人で片道3万円。往復6万円。今回飛んだ燃料費が往復で約4万円だった。機体の減価償却費とか考えると、飛行機のほうがコストがかかる。自家用機がなくてどこかで機体を借りたとすると3時間6万6000円くらいなので、その分を足すと往復11万円。飛行機のほうが高い。飛行機を借りると、コストは新幹線の倍(飛行機11万円、新幹線6万円)かかる。でもこれ、あと2人乗れば逆転しますよね。飛行機は11万円のままですが、新幹線では12万円。飛行機は待ち時間なしで快適。もし新幹線でグリーンにでも乗ろうものなら、飛行機のほうが3人でも安い。

どうです？　十分、会社として自家用機を持つ意味はあるんじゃないでしょうか？　ジェットは別格のコストがかかりますが、小型のプロペラ機ならこの程度のコストで行けるということ。ぜひ皆さんに知っていただきたい。これが、日本の空には小型機がちょうどいいという理由の一つです。

そこで、自家用まで持つのはどうかという会社には、エアタクシーですよね。エアタクシーで神戸から北九州に飛べば、片道でたぶん10万円以内でしょう。8万とかも可能かもしれない。それを4人で乗って使うなら、十分タクシー使う意味あるんじゃないでしょうか？往復20万。うーん、ここまでくると高い気はしますが、16万円とかだと今すぐにでも需要はあると思います。

2章で詳しく述べますが、エアタクシーで飛ぶには自家用機で飛ぶよりずっと安く料金設定できる方法があります。それを使えば、神戸～北九州を4人か5人の定員でたぶん片道5万円台、往復10万円くらいというのでも利益は出ます。こうなると、3人以上で行くなら断然エアタクシーですよね。

この日、私と投資家の友人2人は、神戸空港を確か10時頃離陸しました。北九州までは全く一直線、真西に向かうことで自動的に到着します。オートパイロット（自動操縦装置）は、飛行機の世界では古い技術です。この日も神戸空港離陸直後からオーパイ（みんなそう略して呼びます）を入れて、あとは仕事の話をしながらの飛行。途中、管制圏が移りますから、最初は関西レーダー、次に広島レーダー、そして難関の岩国レーダーと交信しながら飛びます。岩国の何が難関かというと、無線に出てくるのがアメリカの軍人さん、それも現役なんです。日本語は通じません。アメリカの空を飛んでいるのを思い出してしまうようなリズムと緊張が走ります。わからなければ「セイアゲイン」。これ、ちゃんと世界共通、聞き取れない時の応答の仕方として決められていますが、それを使います。もっともこのフレーズ、英語がわからないということではなくて、電波の関係で途切れたりして聞きづらい場合にも使用しますから、もともとそういうことを前提に作られたフレーズだと思いますが、どちらにしろ相手の言った内容がわからないとか、聞き取れない時にはガンガン使います。今回も2回ばかり使いました。

その岩国レーダーで米軍の岩国基地や民間の松山空港あたりまで見ていますから、中国東シナ海あたりで領空侵犯なんてあると、民間機そっちのけで米軍の情報収集機を飛ばします。この日も聞いていると、松山に向かうANAの機長に交じって、米軍の訓練機らしき戦闘機の無線も入ります。そんな中、北九州に向かいますから、ちょっとこんなに平和なフライトを楽しんでいいのかなーという気分に浸りつつ、岩国、宇部の自衛隊管制空域なんかを意識して避けながら北九州空港に近づいていきます。

北九州は海の中に埋め立てて作られた海上空港なので非常にわかりやすいし、離着陸も楽な感じです。聞くと、この空域は一年を通して気候が安定しているとのこと。まず私が思ったのは、これは飛行機の訓練にはもってこいの空港だなということ。この北九州のように静かな内海に悠然と浮かんでいる様子は、母なる港という感じ。こんな所で訓練できたらいいなということです。

で、空港に降りてみて、同じ考えの人が多いのに気が付きました。小さな訓練学校があるし、滑走路の北側には大きな格納庫が建設中で、将来のMRJの訓練もしくは試験飛行に使うということです。そう、MRJクラスのジェットは、これくらいの一級空港でないと離着陸できません。屋久島や佐渡空港には降りれないんです。で、私たちがすぐ想像したのは、訓練や試験でMRJが頻繁に出入りする中、プロペラの小型機がちょろちょろ訓練しては邪魔だなあーというイメージ。

北九州みたいな一級のジェットがバンバン来る空港、それは全国で24あります。で、伊江島や佐渡、屋久島みたいなリモートもしくは運動場みたいな空港は全国で58、そして、施設は一級だが空港運営がそもそも小型機を中心にしてる八尾空港みたいなのが7つ、つまり小型機用の空港は65もあって、ジェットバンバンの一級空港よりずっと多い。そういうやつのほうが訓練には向いているし数もあるので、わざわざここ北九州を訓練拠点にする意味合いがないというのが最後に一致した意見でした。パイロットの養成学校については、第3章で詳しくお話しします。

小型機の訓練や離着陸には、600から800メートルもあれば十分です。むしろそのくらいのほうが大型ジェットが来ないので安心ですし、あんまり大きな空港で訓練してしまうと小さな空港に対する苦手意識ができてしまうので、小さいほうで練習したほうがいい。で、北九州の広い小型機駐機エリアに止めて、ターミナルで待つ苅田町の方と会うため地上を歩いているうちに、訓練場所としてではなくスカイレジデンス、エアポートハウスとして、ここを利用できないか私たちは検討し始めていました。

スカイレジデンスとは小型飛行機を横付けできる家、住宅のこと。アメリカでは、よくあります。有名なのがジョン・トラボルタの家、あれはアメリカでも大きくて豪華すぎて特に有名。何せ、大型ジェット７２７を横付けするブリッジを自宅に持ってるんです。雨の日でも濡れないで自宅のリビングへ30秒で行ける。なんというか、そこまで行くと趣味も極まれりですが、そういう小型機を格納できる家、別荘を空港脇に開発できればとの思いで、その一つをここ北九州でできないかなという方向の検討を始めたわけです。スカイレジデンス構想については、第5章で詳しく見ていきましょう。

空港ターミナルには苅田町の車が待機していて、それに乗って町の方が買ってほしいという空港脇の土地を見に行きました。その後、課長さん、係長さんと昼食。対象の土地が滑走路に接している部分がすでに全部スターフライヤーの格納庫になってしまっているということで、スカイレジデンス構想にはどうしても滑走路から直接別荘用地に飛行機の乗り入れが必要、そこで格納庫を通過するか一部を借りれないかという話になりました。そうなってくると当然スターフライヤー社の話を聞く必要があり、すぐに電話をしていただいたのには驚きました。

　それだけではありません。この時びっくりしたのは、急な依頼にもかかわらず航空会社で担当の方が対応してくれたばかりではなく、そのまま格納庫の見学から通行位置の確認まで話が進んだのです。官公庁や大きな航空会社と仕事をした経験がある方なら、このスピード感の異常さはご理解いただけると思います。これも実際に私たちが自家用機で駆け付けたからでしょうか？　新幹線で来たのでは、こんな対応は望めなかったと思います。

　そして、何より苅田町も航空会社も、この土地の活用については苦労しているというか、考えあぐねているなというのが感想です。空港脇の広大な土地。格納庫になっていない部分では、端っこにちょこんとレンタカー会社の駐車場があるくらいで、全くの空き地です。また、航空会社の格納庫ですら、飛行機や修理整備のための設備があるわけではありませんでした。実際の整備は海外でやるということで、ここ北九州には整備士さんもその設備もありません。よくある大型のトーバーや吊り下げ用のチェーンすら見当たらない。要は、飛行機の一時避難で使うだけの車庫でしかないのです。で、避難というのは、例えば運航の途中に故障してどうしても修理する海外まで飛べないとか、台風や天災でどうしてもしばらく機体をここ北九州に置かなくてはならないとか、そういう異常事態にのみこの格納庫が使われるというのです。つまり、通常の状態で使う予定はない。じゃあなんで作ったの？　という質問は、苅田町の方がいる前ではできませんでした。

なぜなら、きっと苅田町の強い要請でこの必要性の低い格納庫の建設は行われたのじゃないかと思われるからです。もっと経済効率を考え、自由な資本主義的発想ができれば、ここを明るい開発地域にできたのにとは思いましたが、いろんな行政上の駆け引きを経てここまで来てるんでしょうから、そこは仕方がないかなとも。地方の空港脇には必ずと言っていいほど、どの空港にも広大な空き地があります。この空き地、将来のセルポートやFVの格納庫、飛行機の格納庫付きの別荘など、空の産業革命ではきっと貴重なダイヤモンド、投資対象の土地に変貌するでしょう。

スターフライヤー社を巻き込んだ歓迎ムードの中で、予定になかった格納庫の見学などがあったもので、3時離陸予定を少し過ぎて、確か3時半頃の出発になったように思います。

それでも、偏西風に助けられて予定より早く神戸に到着。1時間15分くらいのフライトだったように記憶しています。予定通り、6時の三宮での会食には十分間に合いました。

4．独り占めの空

このように会社や個人で自家用の小型機を持ち、自由に出張などに使っている会社はそんなに多くはないはずです。航空測量の会社や飛行学校専用の訓練機を、時々出張に使うことはあるかもしれません。ですが、それも何か緊急な要件がある場合に限られるはずです。なぜなら、航空会社の飛行機は小型であっても飛行訓練やら測量やらで飛ぶ予定が優先され、そういう予定が入ってこないと仕事にならないからです。

また、個人でセスナを持っていても、それを使って仕事に行くという人は少ないでしょう。ほとんどが趣味、レジャーで飛ぶという状態。自分で操縦して不動産を見に行ったり、地方にある事業拠点を訪問するというのは、稀なケースだと思います。

飛行機の操縦訓練をしているお医者さんに聞きましたが、プレジャーボートは絶対に税金の経費では落とせないそうです。ですが飛行機は、例えば医療法人などで全国に病院がある場合には、その移動手段として認められるが、1か所の病院だけでは難しいということでした。そういえば沖縄に本拠地を移した徳洲会は、かつてスカイマークの社長さんが乗っていたセネカを中古で買って使っていると聞きました。そうそう、ジェットでなくて二つエンジンのプロペラ機（後に実際、那覇空港でこの機体を見ることができました）。このくらいが、日本を回るにはちょうどいいです。ジェットでは、さっき言った90以上ある空港のうち30くらいしか降りれないはずです。90全部降りれてある程度足が速いというと、プロペラでしょう。セネカ、ちょうどいいんですが、この機体はパイパーの単発機の機体を引き延ばして無理くり作ったような双発で、ちょっとバランスが悪い。私のような経験の浅いパイロットにはちょっと不安な感じです。これに乗る時は、後ろに乗客がいない時は重しを乗せないと前につんのめるよって、パイロットの教官から聞いたことがあります。そういうジェットでないプロペラ機クラスを持って、純粋に自分や自社の個人の足として仕事に使っている人は、たぶん20人もいないんじゃないかと思います。

大体、どこの空港でも見る機体は同じものが多い。一番多いのは朝日航空とか佐賀航空とか、測量や飛行訓練学校の機体。こういうところは測量の仕事が入るとそのために小型機を使うし、その間、訓練は他の機体もしくは地上での講義になります。つまり、いつも何かの仕事で飛んでいる。訓練と測量、訓練と遊覧飛行、訓練と軽貨物の輸送という具合。時々、車いすの方の遠方への輸送とか、臓器輸送なんかも仕事として入るそうですが、どの会社もベース、飛行訓練をやっている。

なぜなら、訓練で飛ぶことは比較的スケジュール調整しやすいから、空いてる時間はそれで埋めていくという感じです。測量や輸送業務は時間がお客さんの仕事の都合で決まるので、それに合わせなきゃいけませんが、訓練は生徒さんと教官という、いわば内部のスケジュール調整で済むので、使い勝手がいいということでしょう。

で、結果そういう機体のほうがいろんなところで見る機会が多い。それ以外の自家用機は、みんなで共有していたりで、ゴールデンウィークの那覇とか、夏休みの離島空港とかで、ちょこちょこ会う程度で、平日のビジネスデイにはほとんど会いません。なので、平日仕事の移動で自家用機を使う場合、ほとんど空港は独り占めです。

うーん、もったいない。もっと小型機を活用しましょう。独り占めなことが多いので、佐賀空港で失敗した話を一つ。空港の駐機場は、事前に予約しておくので、その時も確か12時から3時とか、おおよその到着時間を申請して許可をもらっていました。神戸空港を11時ころ出れば12時半か1時頃到着するので、そんな感じの予定だったのですが、朝9時半からのミーティングが急にキャンセルになり、9時に家を出て9時半には空港についていました。準備をして離陸したのが10時。どうしたって12時前に到着するのはわかってはいたんですが、どうせこの日は平日、どこに行っても空港では独り占め状態なので、少しくらい早く到着しても問題ないだろうと思っていたのです。

ところがです、いたんです。私の前に朝、佐賀空港に来て、12時までいるという使用許可を取った機体が。後で聞くと、何とか運輸の会長さんで、自宅近くの事務所にヘリポートを持ち、それで佐賀空港に来て、今度は固定翼の小型機でいろいろ仕事に回って11時到着、12時まで機体を止めておられたようです。

こういう場合、もしこの会長さんがぴっちり予約していた12時まで駐機していたら、私は彼の機体が出発する時間まで待っていないと駐機できません。滑走路に着陸はさせてもらえても、エプロン手前でエンジンを掛けながら待つという間抜けな構図になってしまいます。それは、予約時間より早く到着したこちらがいけないのですからね。ま、この時は間一髪というか、ひょっとしたら私の着陸許可を求める無線を聞いた会長が気を利かせて、早めに出発していただけたかもしれませんが、エプロン手前でその会長の機体と入れ替わりに侵入し、そのまま駐機できました。

駐機できるかできないかというタイミングで、地上管制官から無線で「予約は12時でしたが、どうして早く到着したんですか」と、やんわりとお叱りの交信。まさか朝の会合がキャンセルになって早めに離陸してしまったとは言えないので、「追い風が大きくて、早く到着してしまいました」と説明。恐縮しきりの返答になってしまいました。ま、実際その時、後ろからの追い風もよく、考えより早く着けたという状況もありましたから。いつもなら独り占めで、1時間くらいなら早めに着こうが遅めに出発しようがほとんど何も言われなかったため、ルーズな感覚になっていました。反省し、以降は正確な運航と予約を心がけるようになった経験でした。

この会長さんのような方がもっと増えてほしい。エアタクシーをもっと身近な交通手段として根付かせたい。そういう思いでいっぱいです。なぜって、あんまりにも空はスカスカですから、スカイだけにスカスカじゃもったいない。

では次に、エアタクシーの現実についてお話ししましょう。

第2章　エアタクシー

1．小型機のコストなんか知れている

先日（2018年5月頃）、岡南飛行場においてあるパイパーを知り合いに紹介して、380万円で売買が成立しました。安いでしょ。飛行機なんてそんなもんです。お買いになった方は、まだ免許を持っていらっしゃらないのですが、1年もせずに自家用操縦士になられるのは間違いない。集中して訓練すれば、全くの素人でもそのくらいで取れます。

この、まずは免許のない状態で飛行機を買って、それで訓練すれば、すこぶる安く、そして早く免許を取れるということは、山下自身が実際に経験したことです。このことに関しては、拙著『プライベート・パイロット　国内で、自家用操縦ライセンスを、早く安く取る方法』（舵社刊）をご覧ください。

380万円の飛行機と同じような価格のものは探せばいくらでもありますが、もちろん古

い。新品が欲しければ、３０００万円か４０００万円くらい出せば輸入できます。でも、時間は短くて半年はかかる。アメリカに行って中古機を買えば、もう少し安くいいのが早く手に入るかもしれません。フィリピンやインドネシアに行けば、もっと安くいろんなものが出回っています。２００万円出せばいいのがあります。問題は、それを運んでくるコスト。最近パイロット仲間と話しているのは、誰かフィリピンかオーストラリアあたりで飛行機買ってくだされば、一回、それを運ぶために東南アジアを飛んでみたいなーということ。アメリカ人のやってる会社で、そういうフェリーという作業専門のところでは、フィリピンと日本が大体３００万円と言ってます。が、個人的にパイロット仲間が協力すれば、１００万円くらいのコストで済むのではないかと思います。

そういう時代ですよね。新しいピカピカの飛行機なら、メーカーがたぶん輸送コストは負担してくれると思います。でもね、飛行機は新品より中古のほうがいいです。航空機は、いろんな装置の有機体なので、システムの安定性が大事。新しい機体は、ほぼ間違いなく不具合が出ると思ったほうがいいです。致命的ではないが、ちょこちょことひずみがある。それを微調整して、やっと完全なシステムになっていくという感じ。なので、5年くらい乗った機体が一番安定している。自動車と違って整備記録は必ず整っていますから、変な事故機を買うこともありません。なので、質のいい中古機が狙い目。

航空機はどんな小さな機体であっても、飛行記録、整備記録が付いています。飛行記録は、何日にどこからどこに飛んだか、誰が操縦したかという記録。パイロットのログブックのようなものが飛行機側にも付いている。これが、よく航空機を使った事業会社の監査なんかで付け合わせされるやつです。飛行機のほうの記録と、パイロット個人のログとの整合性があるかどうか。何人かのパイロットが使う飛行機なら、その複数のパイロット側の記録と照らし合わせます。

機体の整備記録は、その機体の整備をいつ誰がどのようにしたかを記録するものなので、定期検査とか部品ごとの使用期限なんかに合わせて、部品の交換をしたとかいうのが全部出ています。で、この機体のログや整備記録の信頼性は、それを管理しているところで変わってきます。すごい個人の整備士さんが管理をしている場合、その信頼性は大手の会社が管理を請け負っている場合に比べると劣るというのが実際です。それは、会社の内部管理体制の信頼性と同じ。複数の人の目によって常に監視、チェックされている帳簿と、誰か一人が何でもできる状態で記録された帳簿、この差が飛行機の記録にもあるということです。

極端な場合、新興国で整備についての法制度がしっかりしていないところのものは、疑ってかかったほうがいい。ま、見ればわかります。一人の人が勝手にスパスパ書いた記録だろうなとか、買い手が来るということになって慌てて記入したなとか、そこだけおんなじインク、筆圧で、慌てて書いた感じとか。何より、細かく検証して数字を足し算するだけでも、間違いがすぐに露呈することもあります。

そういう場合はどうするか。簡単です。エンジン掛けてみるんです。そして、エンジンの使用時間のゲージを見る。あとは、部品の個別番号をメーカーに照会する。この3点で、ほとんどの場合、状況の把握はできます。まずはエンジン掛けてみれば、プラグや点火装置の整備の具合がわかります。エンジンが上空で停止することはほとんどない、というか物理的にないです。というのは、飛んでる限り空気は流れていて、プロペラはその空気の力で回ろうとするので、エンジンが停止してももう一度回したような状態で、ピストンの点火ができるまでグルグル回ります。エンジンの力ではなくて、この空気の流れで回ってる風車状態のことを「フェザー状態」といいます。フェザーの状態は訓練で何回も経験しますから、飛んでみてそうなることが多ければ、内燃機関に何か問題があるということ。それでも、たぶんスロットルをいっぱいにして燃料を送れば、プロペラは回ります。

もっと言えば、空港の周りで5マイル以内にいれば、エンジンが完全に停止しても通常の着陸はできます。そういう訓練は何度もやりますから、慣れたものです。なので、勇気を出して飛んでみるのもいいでしょう、古い機体を見に行ったら。そして、錆の具合とか排気口の汚れ具合とか、実際に乗ってみてチェックすればいい。

かくいう私も、かつて千葉の空港に古い300万くらいのソカタを見に行ったことがありました。その時はまだ免許がありませんでしたので、教官を連れて行って乗ってみました。ソカタはフランス製の小型機。かっこいいです。そしてスピードが速い。その代わり、キャノピー（横にドアが付いているのではなくて、上部を覆う半球形の透明なドームが上下するやつ。よく戦闘機に見るやつです）が開く形で、出入りする時えらく気を使います。強風の場合、キャノピーにひびが入ることがよくあるそうです。

その時は教官がエンジンをかけて移動してみましたが、問題なさそうでした。外観も塗装をやり直しているので、きれいで美しい。ただ、整備記録がひどかった。まず、辻褄が合わない。部品交換の状況が不記載のものが多い。教官が何とか状況を把握しようといろんな質問しますが、整合性は最後まで取れませんでした。そういう機体の場合、次回の2000時間ごとのオーバーホールを済まさないと、ちゃんとした整備会社はなかなか受けてくれません。個人的な整備士さんにお願いするしかなく、その時購入は無理という判断でした。しかし個人で最初の導入機として使うにはそれで十分でしょう。

そこまでの安い機体はともかくとして、例えば海外のエアタクシーに使われていたとか、10人乗りくらいのいいプロペラ機なんか、1000万円も出せばいくらでもあります。輸送を自社のパイロットでできればそのコストが省けるので、かなり有利。もし新品を購入するにしても、3000万円から4000万円ですから、そんなにベラボーではありません。

路線バスに使われているノンステップバスが2500万円くらいですから、身近な交通手段になりえる価格帯ではないでしょうか？　3000万円で定員6人乗りの小型機だったら、十分バスのような市民の足にはなりえると思います。

維持費はどのくらいでしょうか？　今使っている小型機パイパーで年間240万、月20万円程度です。で、飛行機の場合、2000時間というのが一つの区切りなので、1日3時間飛ぶとして1年で約1000時間、2年で2000時間飛ぶとすれば、3000万円で買った機体は1000万円ほどかければオーバーホールできますから、前と同じ3000万くらいで売れる。ということは、減価分が1000万円。それに2年間の維持費240万円の2倍で480万円を足して、1480万円。これを2000時間で割ると、1時間当たりの機体のコストが出ます。1時間7400円。これが2年で売った場合の機体の償却コストです。

エアタクシーで飛ぶには、燃料費とパイロットの費用が要ります。大体、会社のパイロット派遣は1時間1万5000円で、燃料費も1万5000円くらい。なので、トータル1時間の経費は3万7400円程度（機体の減価償却＋パイロット時給＋燃料費）。諸経費を考えても5万円もかかりません。これが、遊覧飛行では1時間7万円で飛ぶという今の価格帯のベースになります。

が、ちょっと待ってください。パイロット派遣が1時間1万5000円ですから、これには会社の利益が含まれます。1日3時間飛んで、1か月25日で75時間飛び、パイロットには月給80万から100万円くらい出すとして、1時間当たり1万円程度。ですから、さっきの経費から5000円を引くと、1時間3万7400円から5000円引いて、3万2400円がベースコスト。1時間4万円でも儲かります。第1章の北九州行きが1時間30分で往復3時間ということは、12万円でも利益が出る。1時間6万円で往復18万円なら、お客さんの側から見ても3人で割安感があるとすれば、これはいい商売ではないですか?

国際興業の小佐野さんは、その創成期にバス運転手に燃費のいい運転を強く要求したとか、燃費の悪い運転手はクビにしたとか、言われていますね。排ガス問題もありますが、バスは今、信号停止中はエンジンを切ることが多いそうです。燃費の節約にもなるし。そう、同じことが飛行機にも言えます。うまい機長は、素早くそして無駄なく飛んで燃費がいいのです。免許取り立ての時に、1時間近くかかっていた神戸~白浜間を、今は20分で飛びます。これだけで単純にコストは3分の1になる。軽飛行機は、ふらふら飛ぶと時間と燃料費がやたらとかかってしまうのを日頃から実感します。最初、2万円くらいかかっていた白浜行きが、今では1万円行きません。この差はたぶん、草創期のバスの燃費以上に運転者、パイロットの技量によるところが大きい。腕のいいパイロットには月給100万円以上出してもいいんじゃないかと思います。

それでも、例えばコスト1時間3万2500円でお客様からさっきの北九州3時間18万円という値ごろ感のある価格1時間6万円いただければ、会社は1時間2万7500円の儲け。1日3時間25日で75時間飛んで、全部で206万2500円の儲け。コストに1時間1万円のパイロット代は含まれてますから、75万円の給料に25万円の手当を出して、100万の報酬でも会社は、180万円くらい儲かるというわけです。そういう機体を10機も持てば、複雑な事業用免許を維持するために必要なオーバヘッドコストを十分カバーできると思います。

2018年現在のコストで、以上のような計算になり、いつでもエアタクシー業務を始めることは可能です。離島や地方創生にまず貢献できるのであれば、反対する人はいないのではないかと思います。

2. 日本こそエアタクシー

アメリカでエアタクシーは成り立たない。なぜか。広すぎて飛行機ならもっと飛べよ、州を二つくらい越えて行けよということになる。そうなれば、小型ジェット、ホンダジェットが安くて効率的だ。だから、ホンダジェットはアメリカで売れるだろう。実は、小型飛行機のメーカーはどこも、自分たちの小型機の上位機種にジェットを持っている。パイパーならメリディアン、ターボプロップといって、ジェットエンジンだが、その力でプロペラを回して飛ぶ。シーラスは単発ジェットのシーラスジェットを最近お披露目した。日本でも最初の機体はもう売れているという。が、これらジェットエンジンの機体は、日本の空ではビミョーな位置付けだ。

まず、国内97全部の空港に降りれない。そして、メンテナンス費用や燃料費がそれに見合った速度、距離の経済効果を上げられない。アメリカ大陸や東南アジアの国々をめぐるなら早い、遠くまで飛べるということでペイする。しかし、日本の空で八尾空港から広島や高松まで飛ぶのに、小型機なら1万円しない燃料費が、ジェットエンジンのため20万円くらいはする。沖縄とかでジェットなら200万円、小型機なら4万から5万円、時間はジェットなら2時間、小型機なら4時間から5時間。小型機の飛行時間はジェットの倍はかかるが、燃料費の比率から言ったらジェットなら小型機の40分の1、つまり6分から10分で着かないと計算上の燃料効率を達成できない。

10時間飛んでニューヨークからロンドンに行くなら、逆に燃料効率の問題ではない。効率より、ジェットでないとそもそも無理。小型機ではとても飛べない。だから、アメリカではジェット。ハワイに行けない小型機オーナーより、ニューヨークから西海岸に降りるにしても、ハワイに行けるジェットのほうが実用的だ。そこには、さっきのエアタクシーの費用計算など全く通用しない。

日本の経営者でも、ジェットを持っている人は何人かいるが、ほとんどが米国やヨーロッパ向けだ。国内だけで使うのにジェットを持つ必要は全くない。同じジェットでも、ジェットヘリで十分だ。しかし、ジェットヘリは、サイテーションのようなジェット機よりもまだもっと費用がかさむ。機体費用がたぶんジェット飛行機の２倍くらい、燃料に至っては３倍くらいすると思う。ジェットヘリは、そもそも特殊な乗り物だ。回転翼でプロペラを付けて、その揚力で飛ぶのに、その回転翼をジェットで回す。極めて贅沢な乗り物。回転翼をジェットで回すというのは、燃料をジェットエンジンで賄いたいというのが最も大きな理由、動機ではないか？　燃費効率や経済性から、よほどずっと定期便のように使い倒していないと、わざわざジェットエンジンで回転翼を回す理由はないように思う。

このように、経済性やどこの空港にも降りれるというような利便性を考えたら、日本の空には断然小型機が向いている。ＭＲＪ？　たぶんこれを中心に日本の空を活性化しようとしても失敗するだろう。なぜなら、大きすぎてＭＲＪの就航を賄えるだけの乗客の確保ができない。特に離島など、まだまだこれからの地域にいきなりＭＲＪが来ても、客はほとんどいない。50席のうち5席か10席くらいしか埋まらないと思う。で、5人や10人もお客が一日にあれば、先に述べたようにエアタクシーではかなりな黒字、利益が見込める。しかも、飛ぶ時は客のいる時で、必ず儲かる。だからエアタクシー。

エアタクシーが頻繁に行くようになってお客さんが増えれば、その時は定期航空便をMRJで飛ばせばいい。地方都市が出来て、そこにタクシーで行く客が増えれば、次はバス、最後に鉄道という感じで、交通インフラを考えれば当然の結果だろう。定期便は、最初からではかえって負担になり、ストロー効果とか、逆に過疎を助長しかねない。エアタクシーなら、自由に行ける分、忙しい都会からの人たちの利用も見込める。気楽なアクセスで少しずつ発展させればいいと思う。

一方でヘリはどうか。狭い日本の国土を網羅するのに、小さな土地で離着陸できるヘリのほうが便利という考え方もあるだろう。しかし、ヘリには経済効率性とヘリポートの騒音という二つの問題がある。

まず、経済効率性。ヘリは、プロペラを回転させるその下向きの風で揚力を得る。そのことがいかに小型飛行機に比べて効率が悪いかは、誰でも想像できると思う。単純な話をしよう。上空でエンジンが止まった場合、飛行機はグライダーのように静かに滑空する。一方のヘリはほぼ垂直に落下。その時、回転翼が反対に回転して落下速度をやわらげるので、通常は少し骨折する程度で済む。それでもヘリは完全に揚力を失う一方、飛行機は翼でこれまでの6割以上の揚力を確保できる。つまり、エンジンの役割が全然違う。そして、飛ぶために回転し続けなくてはならないヘリの燃料は揚力のすべてを生み出す一方で、飛行機のエンジンはほとんどが推進力になっており、前に進む力として機能している。よって、飛行機のほうが進む力、経済性は格段に良い。

飛行機は安い。空中でエンジンパワーのほとんどを推進力にして飛ぶのだから、これほどエネルギー効率のいい乗り物はない。自動車すらかなわない。そして、移動する空間自体にインフラを必要としない。アフリカでは、有線の電話より先に携帯電話が普及したので、携帯がフツーになっている。日本の離島や辺境の地への移動手段で、小型飛行機より経済的なものはない。

ヘリでも、20分飛べば、燃料費は10万円はかかるのではないか。例えば、5分の距離でも、ヘリの燃料費コストは7万円する。飛行機なら3時間は飛べる。だから、飛行機の遊覧が1時間7万円なら、ヘリは15分で7万円する。先述のように那覇から伊江島に迎えに来てもらった場合、ヘリのチャーター料金は20万円くらい。エアタクシーの試算では、3万円ももらえば利益が出る。なので、第1章の北九州の例でいうような新幹線と比較できるようなコストは、ヘリでは土台無理。そもそも間尺に合わない。

ヘリによるエアタクシーが無理な理由のもう一つは、離発着の騒音。飛行機も音は大きいが、そもそも飛行場なので、それほど苦にはならない。が、ヘリポートを住宅地の近くに作って毎日飛んだら、たぶん苦情が来る。狭い土地にヘリポートということで狭い国土にふさわしいように思えるが、市街地の近くには作れない。緊急用にしか使えない、そういう市街地に近いヘリポートはたくさんある。実は、ヘリポートもエアタクシーの拠点にし頻繁に離着陸するには、空港並みの空き地というか、広さがないと難しい。

結果、経済効率性の悪さと、ヘリポートが必ずしも狭い土地に設置できるかというと、騒音問題のため、それもままならないということで、ヘリはエアタクシーに向かない。

効率性、現実問題として、やはりエアタクシーは小型機でないと無理。ヘリで行くような近距離は、第6章で述べるようなFVでのほうが実は現実味がある。そしてそのための空港がセルポート、これについては第4章で述べる。

そのFVに行くまでの中距離輸送なら、エアタクシーの出番だ。離島間輸送、そして小型の空港の網目状のウェッブ輸送、それがエアタクシーの役割というわけ。既存の空港90以上が全部使えるという強みもある。

では次に、そのエアタクシーをどうやって呼べばいいか考えてみよう。

３．災害に強いエアタクシー

タクシーの配車アプリ。ネットで自分の位置を入力もしくは位置情報を自動で通知、来てほしい時間を入れると、すぐに何分後に何番の車が行きますというような配車情報が返ってくる。ネット時代のタクシーは、道路で手を挙げて待つのではなくなってきている。エアタクシーもこういうネットで呼ぶことになるだろう。電話やファックスでもいいが、ネットのほうが、こちらからのお迎えデータを送りやすい。

出発と到着空港、搭乗したい人数や荷物の重さなどを入力すれば、どの機体がいつ頃到着するのか返信されてくる。そこには、迎えに来る飛行機の写真や機長の名前、顔写真、そして料金なども表示されている。配車アプリには何社も参入しているが、持ち込む自動車やドライバーが特定の会社に所属していないという点で、ウーバーが最もエアタクシーには向いていると思う。

ウーバーの場合も簡単な会員登録が必要だが、エアタクシーの場合はもっと厳重なクレジットカードの登録や預託金制度など、十分な顧客把握が必要。なぜなら、キャンセルの場合のコストを確保しなくてはならないから。タクシーの場合、迎えに行って乗る人が来なければ、しばらくして次の客を探しに行っても大して損害はない。キャンセル無料が当たり前。

エアタクシーの場合、出発空港に飛行機がある場合はスタンバイだけで済むから、それでもいいかもしれないが、離島に迎えに行った場合、迎車コストが半端ではない。よって、その分のコスト負担をお願いすることになり、その支払いを担保するためにも、厳重な決済手段の確保と会員登録が不可欠だ。

また、そういうクローズドマーケットでやらなくてはならないのには、もう一つ理由がある。それはテロ対策。大型旅客機の場合、コックピットへの入室を阻むことでかなりセキュリティーは効くが、小型機の場合、タクシー同様、すぐ後ろに乗客がいる。なのでパッセンジャーの特定は不可欠。でも、パイロットの生命を守るということは、タクシーより簡単だ。なぜって、機長の意識がなくなれば、飛行機はまともに飛ぶことすらできない。

ちょっと話はそれるが、機長は搭乗前に十分な体調管理やストレスコントロールをした上で乗務に就く。パイロットは飛ぶ前、24時間以内に飲酒はもちろん服薬（薬を飲むこと）も禁じられている。風邪薬、葛根湯のような漢方薬すらダメ。ある薬を飲んだら、その薬の有効時間分の倍の時間は飛行機を操縦できない。効き目が12時間の薬なら、効き目が切れた後、さらに12時間操縦桿を握ってはならない。まして、前日飲酒して二日酔いが残っている状態で機長席に座るということは、犯罪に近い。ライセンス取得時に、I'M SAFEという言葉を習う。

Ｉ：illness（病気になってない？）
Ｍ：medication（薬の影響はない？）
Ｓ：stress（ストレスはコントロールできてる？）
Ａ：alcohol（アルコールの影響はない？）
Ｆ：fatigue（疲労はたまってない？）
Ｅ：emotion（情緒は乱れてない？）

ＩやＭつまり、病気や薬はすぐに理解できるでしょうが、次からが問題。Ｓはストレス。ストレスを抱えた状態では運航しないということ。よくあるたとえ話は、夫婦げんかをしてカッカした状況で空を飛んではならない。Ａはアルコール。24時間以内に飲むことは禁止。Ｆはフランス語のFatigueからきており、疲労の意味。疲れが残っただるおもーい状態で飛んではいけない。ＥはEmotion。感情が高ぶってないか、ストレスとダブることもあると思うが、搭乗直前に交通事故を目の当たりにしたとか、自分が関係者になったとか、そういうことでも、自分自身で感情やストレスがコントロールできていないなと感じたら、飛ぶことはできない。

このように、パイロットは飛ぶにあたって自己管理、健康管理を万全な状態にしておく必要があるので、本人が意識を失うとか、そういうことで事故になることはない。が、もし後ろの席の乗客から危害を加えられた場合、飛行不能になる可能性はある。そういう事故を管理し、未然に防ぐために、エアタクシーの利用者には事前に十分な情報開示や本人確認を求める必要がある。

例えば離島間輸送の場合、その離島に在住のおじいさんやおばあさんは問題ないとして、観光客で飛ぼうとする場合には、飛行機の搭乗名簿以上の情報を持っておく必要があるだろう。そういう意味で、エアタクシーの最初のサービスは会員組織での運営が現実的。例えば、入会金を徴収し会員登録を行った後でないと飛行機に乗れない。そういうような仕組みが、セキュリティー上も必要だ。

ただし、高級高額な会員（入会に際して何百万円もの費用を要求するような）形態は、たぶん成功しない。なぜなら、本来のエアタクシーは空の大衆化に寄与するものでなくてはならないから。例えば、離島空港をよく利用する客が多いその離島のホテルとか、そういう施設経由で宿泊者の輸送を請け負うような場合が多くなるかもしれない。あるいは、離島や地方から東京や大阪へ出稼ぎで来ている労働者や学校に来ている学生などの里帰り便とか、そういうのに使ってほしいものだ。先に計算したように、何人かで利用すれば、確実に定期便のチケットより安く飛べる。そして、便利。そういう人たちがもっと増えれば、日本の地方も活性化すると思う。だからこそ、高額な会員制高級クラブでは、一種の見せかけの消費、実需に沿わない一時の自己満足になるようなマーケットしかとらえることができないので、難しいと思う。

もっと言えば、高額な高級会員組織のエアタクシーは、やっていることが矛盾する。つまり、空の大衆化、自由な空を提供するというはずのエアタクシーが、高額な費用を請求することで、かえってクローズドな世界になってしまうということ。本来、エアタクシーは大衆のため、身近な移動手段でなくてはならない。なので、会員制度を取る理由は、キャンセル料の徴収確保とセキュリティー対策に主眼を置くべきで、会費徴収が収益の基本構造になってはならない。

エアタクシーの利点は他にもある。それは災害時に強いということ。離島の交通事故など小規模なものから、東日本大震災のように規模の大きな災害まで、飛行機は災害に強い乗り物だ。災害時に飛行機が機能不全に陥るには、二つのパターンがある。空港が使えないか、定期便の他の機体の確保ができないかのどちらかだ。東日本大震災が起こった時、私は沖縄行きの機中にあった。那覇に到着する前には、管制からの連絡で仙台空港が使用不能になったことはわかったが、何が起こったのかは不明のまま那覇の管制圏に入る。そこには、国際線も含め、仙台に降りれない飛行機が羽田や成田に迂回もしくは帰還して、東京近郊の空港が満杯で、降りれない飛行機（つまり押し出されてあぶれた飛行機）が那覇に押し寄せていた。待ったなしの那覇集中駐機が始まって、かなり上空で待たされた記憶がある。通勤時間にJRの事故で、みんなタクシーやバスの乗り場に押し寄せたような感じ。沖縄は、いまさらながら日本の最後の砦なんだなーと痛感した。同時に、飛行機の災害時の動きをリアルタイムで実感できたのは、いい経験だった。

飛行機は、地震でも津波でも飛べるんです。空港さえあれば。しかし、飽和状態の定期便をいったん他の空港に振るためには、やはり遅延とか欠航がどうしても起こる。一方で、定期便のように一日中ヘビーに機体とパイロットが使い回されていないような自家用機やチャーター便は、その合間を縫ってなんとか多少の遅れで移動できる。定期便が3時間遅れとか、欠航40便とかいう時に、自家用機なら15分程度のホールディング、遅れで済むのだから、こういう時の利便性は比べものにならない。

自家用機のオーナーの中には、赤十字や日本航空機操縦士協会の自主団体を通じて、災害時の緊急輸送をボランティアで行った人もいる。実は、こういう活動を身近に見て、私はエアタクシーの必要性、社会的な意味合いを深く感じた。この時、大混乱に陥った定期便の輸送システムを尻目に、自家用機やチャーター機は大忙しのほぼ定時運航で、いろいろな緊急性の高い輸送に貢献した。それは、被災地を出入りする人やモノを運ぶだけではなく、定期便の機能不全で困った人たちが、こういう小型機輸送に頼った瞬間だった。手術予定があるのに行けない、ドクターヘリもケガ人の緊急輸送でほとんど出払っている。で、小型機オーナーがボランティアで輸送。日本中が自粛ムードのところでも、病人やお医者さん、医療用の資材の輸送、こういうのは待ったなし。定期便が飛んでいれば、それでよかった人たちも、この時ばかりは小型機輸送に頼っていた。

災害時の小型機でもう一つ思い浮かぶのが、大利根飛行場の話。平成27年９月の千葉房総地方の大雨で、飛行場が浸水する場面があった。当然飛行機のオーナーは、自分の飛行機を助けようと飛行場に向かう。浸水までの１時間余りで３機程度が離陸に成功し、助かった。一方、最後に離陸を試みた飛行機は直前で足を水に取られ、離陸滑走を始めたものの停止を余儀なくされたとのこと。いずれの救出作戦でも、人命に被害はなかった。パイロットの冷静な判断、状況把握が効を奏したと思う。飛べば助かる。言い換えれば、飛びさえすれば、災害が及ぼうと定時飛行は可能。

この原稿を書いている東京でも、結構小規模ではあるが、地震の起こる頻度が多くなっているように思う。日本はやはり、次の地震や災害に備えたインフラ作りをしていかなくてはならない。そのために、エアタクシーそして、その先にあるＦＶの全国展開、拡充は急務だと思う。将来、小型機やFVで救われる命も出てくるだろう。

4. 定期に飛ぶほうがコストがかかる

飛行機自体は災害に強い輸送手段だが、定期便は災害に弱い。東北の地震の影響で、那覇発着の便が欠航する。なぜか、それは機体を究極に使い回す緊張した運航体制だから。どこかで2～3時間でも空港が閉鎖になれば、その影響が全国に及ぶ。定期便は、ここまでの経済効率を求められ、ぎりぎりの運航を強いられている。

使用する機体の到着遅れで出発が遅れますというアナウンス、よくありますよね。そういう状況なんです。空港に着いたら、大慌てで機内の清掃、燃料の補給、荷物の積み下ろし、そして人の搭乗。見たことありますよね、最近ではLCC（ローコストキャリア）の影響で、こういう光景も当たり前になっています。

そのようにぎりぎりの運航をしても、たぶん搭乗率が50％を下回れば確実に赤字でしょうね。まず、大型機と小型機ではコストが全然違う。大まかに言って、大型機は億単位、小型機は10万単位という感じ。それで運航するのですから、地上職員のコストやら、その他を考えたら、定期便は相当飛ばして規模の利益を追求する経営しかないような気がします。質を維持して高い料金を取ろうとしても、ジェットなら札幌から沖縄まで飛んでも２時間から３時間の間。東京〜大阪なんか１時間とはいえ、本当に飛んでるのは40分くらいのもの。その中でできるサービスなど限られてます。東京〜大阪でお弁当を出すサービスなんか本当に要るのかなー?と思っている方は多いのではないですか？　あれ、10分くらいで食べないと着陸態勢に入って、下げてもらえなくなりますよね。それ以上に飲みすぎてちょうどトイレに行きたくなる頃、着陸するから行けなくなって、我慢の末、降りたらすぐターミナルのトイレを探すなんて経験多いんじゃないでしょうか?

そういう無理のあるサービスをしてでも、１回に６千円とか、８千円高く取りたいということでしょう。新幹線のグリーンならたっぷり２時間仕事とかできますが、実際20分くらいの水平飛行しかない中でどんなサービスが受けられるかというと、限られますよね。そのくらい、経営的にはぎりぎりの料金設定をしているということでしょう。

定期便はバスか電車です。多少高めの付加サービスを付けたところで知れています。やはり、乗客の数が多くないと意味がない。考えてみたら当たり前ですよね。大量、高速輸送システムですから。なのに、日本ではそういう機体で地方を結ぼうとする。最近は小型軽量になったとはいえ、ジェットはジェット、ターボプロップはターボプロップです。

大昔、コンコルドという乗り物が、ニューヨークとヨーロッパのパリ、ロンドンの二都市を結んでいた。あれ、なんでやめになったかご存じですか？　採算に乗らないんです。通常の飛行機のファーストクラスの2倍から3倍の料金を払ってもらっても、3時間でヨーロッパに着くというサービスは必要がなかったようです。普通より5時間早いといっても、空港で待ってる時間を入れたら全部で4時間から5時間はかかります。もし、ニューヨークとパリを30分で結ぶサービスだったら需要はすごくあったと思う。だけど、せいぜい節約できて3時間か4時間程度では、3倍払う意味がない。同じことが日本の小型ジェットの世界でも起こるでしょう。地方に直接行けるとはいっても、運賃は割高、今のターボプロップ機では燃料が高いから、安くするわけにはいきません。一方で、時間を1割程度は短縮できるかもしれませんが、そのために運賃が上がれば、ただでさえ高いと思う航空機輸送、需要はないでしょう。それなら都心に住んだ方がいいやということになる。

そうそう、ターボプロップというのは、ジェットエンジンでプロペラを回して飛ぶ飛行機のことです。屋久島とかに就航しているボンバルディアなどがそうです。見た目はプロペラ機ですが、実際の内燃機関はジェットです。プロペラのないジェットは単純に燃料を高圧でダダ漏れに後ろに吐き出して推進しますが、ターボプロップはタービンに羽の軸を付けてプロペラを回します。ま、プロペラ機とジェット機のハイブリッドという感じ。燃費効率はジェット並み。つまり、燃料を食うということです。

そういう、ジェットで離島をつないでも、夏休みとかシーズン以外はがらがら、1機にお客さんが4人か5人ということもある。これで維持するには、まずはその路線の料金を高めにするか、他の利益を補てんで使うか、もしくは税金などの補助をもらうかしかありません。たぶん、現状ではその3つともやってるでしょう。空っぽでも定期便として飛ばす以上、ぎりぎりで今日はお客さんが少ないので欠航しますってアナウンスあったら皆さんどうします？　海外ではそういうこともあり得るんですが、日本ではそんなことしたら公共性がないとか言って、その路線免許取り消されちゃいますよね。

なので、利益がカツカツ、もしくは損失が垂れ流し状態でも運航しなきゃいけなくなる。で、税金を使う。税金を使えば政治の力が働く。そうすると、自由競争、自由経済の原理が働かない。当然、そういう路線にはＬＣＣも参入できない。そういう構図で、地方や離島がどんどん取り残されていきます。お金持ちの子供たちがスポイルされて、まともな経済感覚を持てなくなるようなそんな感じで、税金投入のまま走り続けたら当然利益は出ません。そしたら、他の離島で政治力や財政力のない自治体の離島やら、本当に飛行機輸送が必要な人たち、先に述べたように災害時の遠隔地輸送や経済的弱者なんかに活用できないなら、助かる命も助からない。

お願いです。エアタクシー、そしてFVやりましょう。そして、そういう人たちも離島に住みながら活躍できる社会を作りましょう。簡単なことです。飛行機とパイロット、そして優秀な整備士さんがいればすぐにできます。

バスで輸送やってもお客がいないために、タクシーに頼る。タクシーが増えれば、今度はワゴン車で巡回車両を回す。最後に、人の流れが活発になり定着したら大きいバスで回る。これ、自動車でやってきたではないですか？　タクシーやウーバーなんかを使う自動車の相乗り、これ地方の縮図じゃないですか。タクシーも生きていけないくらいの人口しかない場所で、京丹後市でウーバーを使った乗合、互助タクシーが特区として解禁されました。これこそ飛行機の会員制エアタクシーで、小型機を運用するのと全く同じ論理です。小型で経済性がよく便利、それを弱者の手に取り戻すには特区は要りません。みんなが、このエアタクシーやFVに参入するだけでいいんです。

5．チャーターとの違い

定期便とエアタクシーの違いは、もうおわかりでしょう。たとえお客さんがいなくても、決まった時間に飛ばなくてはならないのが定期便。路線バスです。一方、エアタクシーは、オンディマンドでいつでもどこへでも、お客様の要望で迎えに行く。これが定期便との違い。では、タクシーとチャーター便とはどこが違うのか？

チャーター便には、旅行会社などがチャーターして座席を組織的に売るものと、ユーザー自らがチャーターするものの2種類がある。旅行会社などがチャーターするのは観光バスや修学旅行なんかで、搭乗する人が全員知り合い。というか、団体の場合にはチャーター感はあるだろうけど、乗り合いで使う場合には旅行社を通じてそのチケットを買って乗り、乗ったら知らない人ばかりなので、どっちかというと使うほうから見たら定期便と違わない。

海外旅行で近場の台湾なんかにツアー参加した場合、そういうチャーター便が多い。すると乗ってるほうはフツーの定期便に乗ってるような感覚になる。沖縄那覇からはそういうチャーター便で台湾に行く旅行パックが多いから、チャーターとはいえ、ほとんど定期便と変わらない。で、一方の観光バス。このチャーターは逆に、どっちかというとエアタクシーに近い。バス貸し切りという訳。乗る人数もチャーターする側の都合で、いくらでもどうにでもなる。大型バスを撮影でチャーターして、数人しか乗り込まないのだってオーケーだ。バスのチャーターをしたことはないが、たぶんどこに行くとか、例えば途中のコンビニでトイレ休憩を急に入れるとか、そういうことも自由にできる。これがチャーターと定期便の違い。

飛行機も同じ。飛行機の場合でも、飛びながら行先変更ができる。一度、広島から名古屋に向かって飛んでいた時、名古屋方面で気象状況が悪くなり、それならばということで、急遽大阪の八尾空港に向かったことがある。どこでもいいので近くの管制施設を呼び出し、自機の機体番号を告げれば、最初にファイルした飛行プランが出てくるので、目的地を変更、到着予定時間を計算して告げるだけで、あとは操縦桿を操作すればいい。なんら問題はない。たしか京都南インターの上空あたりで転進反転して、八尾を目指したように思う。

しばらく八尾に向けて飛行したところで管制から連絡があり、行先変更の理由を聞かれた。気象情報から京都の東琵琶湖の手前の比叡山あたりに雲が厚く、有視界飛行では危険と判断したと伝えた。最初から計器飛行にするか、この段階で計器飛行に切り替えて飛べばなんてことはないのだが、この時は特にどうしても行かなくてはならない用事もなく、また当時免許を取り立てで技量もなく、安全策を取った。

こういう場合はキャプテンの判断がすべてで、行先変更もしくは離陸した飛行場に戻ることも全く問題ないし、むしろそういうことは歓迎される。自分の技量もないのに、無理して行くよりずっといい。そういえば、こんなこともあった。八尾から神戸空港北側を飛行し名谷を抜けて姫路方面に向かうソロフライトの訓練の時だ。先を見ると真っ白で靄もかかっている。こんな状態の中をソロで初めてこのエリアを飛ぶのだ。まだ免許のない時代、思わず無線で教官を呼び出し、八尾空港に引き返した経験がある。

こういう引き返しとか、ランディングのやり直しとか、そういうかっこ悪いことをどちらかというと歓迎する雰囲気が飛行機の世界にはある。無理して行かない、そういうことを学ぶためには必要なことだろう。実はこの神戸での引き返しの時に真っ白に見えたのは、日光が正面から来るために前方の空中のゴミが反射していたのが原因だということが、その後、何回か飛んでみてわかってきた。日光の特定の反射角を過ぎれば元のクリアな景色も望めるので、そのまま行っても本当なら問題はなかったということだ。

このようにリスクを警戒して保守的な判断を賞賛する一方で、ある程度のリスクテイカーでないと技量は上達しない。そういうことも事実だ。だから、例えばチャーター機の機長は、先述の八尾空港に引き返したケースで、もしお客さんがそのまま名古屋に向かってくれということになれば、慎重に向かっていくことになるし、逆にお客の指示で別の空港に急に目的を変更することも、機長判断で問題がなければできる。問題というのは、例えば燃料。遠くに目的地を変更した場合には、そこまで燃料が持つかどうか。あるいは天候。そっちの方向に積乱雲とか危ない雲がないかなど。情報の収集やら飛行計画の練り直しやら、やることは多くて忙しい。パイロットとしては、そういうチャーター便の機長はやはり経験豊かなベテランであるべきで、経路変更などの要求があった時には、チャレンジングに感じてテキパキと一連の作業をこなせる技量が必要だ。

で、チャーターならそういうことになるが、エアタクシーだと目的地の変更はできないというのが原則。事前に指定のあった経路を飛ぶ。変更があったとしても、それは機長自らの提案であったり、せいぜい上空を経由する予定の空港に降りてもらうとか、その程度。こういうところがチャーターとエアタクシーの違いになる。よって、エアタクシーの機長ならプライベートジェットのお抱え機長のようなベテランである必要はないし、お客の要望も制限される。そして、何よりチャーターは時間でチャージするが、エアタクシーは距離で料金を請求することになる。その場合、燃料費やいろんな経費、例えば、お客が呼んだ空港までの迎えの経費までも、最初から含んで計算して提示されなくてはならない。もし、お客が迎えに来てほしいという空港に、たまたま飛行機がいるとか、すぐ近くにいるとか、そういう場合には迎えのコストが安くなる分、タクシー料金も安くなる。一方で、北海道で呼ばれた機体が関西にしかなければ、その迎えに行くコストも上乗せした形で提示され、高いものになる。関西から北海道に3時間で向かったら、10万円くらいは輸送コストに上乗せされると思う。だから、エアタクシーはネットでの注文になる。

もう一つ、そういう機体の手配に応じたコストの増減と同時に、自然環境、天候によっても値段が変わる。どういうことかというと、まずは風。偏西風の強い冬の時期は西に向かう時、時間と燃料を食う。逆に偏西風に乗って東に向かう時には、風に押されてコストも時間もめっぽう節約できる。夏の時期になるとこの偏西風の影響は少なくなるし、日によっても違ってくる。そう、日によっても変わるんですよね、当たり前ですが。だから、ネット。気象情報を元に飛行機自体の速度と風の強さ風向を加味して、正確な飛行時間や消費燃料を計算する。実はこの作業、操縦士の試験で出ます。なので、パイロットなら誰でもこなせる計算で、風向きと風の強さから飛行機の実際の対地速度を割り出して飛行時間を計算します。

飛行機の速度というのは、停止している空気の中を進むスピードで、単純な話、その空気の塊自体が行きたい方向に進んでくれれば、風の速さ＋自機の速さ＝地面に対して実際に向かってる速さ（対地速度）になる。一方の空気の塊の中を飛行する自機の速度を対気速度と言います。対地速度は対気速度足す、もしくは引くことの風の速度です。

こういう計算、試験なんかでは計算尺を用いて手でやりますが、それをコンピュータにやってもらい、その結果、どの程度の燃料が要るかや時間がかかるかを自動で計算して、お客に請求するタクシー代を計算するということが必要でしょう。それで、エアタクシーを呼ぼうとした客から見れば、毎回、値段は違ってきますが、そのうち大体なんとなく客のほうもわかってくるでしょうし、逆にタクシー会社のほうは、客の見込めるエリアに前もって機体を重点的に配置するということだって考えられる。

どこかで強力な地震が起こったら、とりあえず周辺の緊急輸送に備えて機体と乗員を近隣空港に移動させ会員からのエアタクシー依頼に準備するとか、夏のシーズン中は沖縄や観光地に配置するとか、そういうことがネットやAIを使って可能ではないかと思います。お客からの予約を待つばかりのチャーター便と違って、もう少し攻めの営業ができるところがエアタクシーの面白いところでしょう。

ビジネスジェット（写真中央は著者）。小型機とは費用が2桁違う

6. モヨ島アマンワナ

インドネシアのモヨ島、アマンワナ。アマングループのホテル。小さな島全体がホテルになっているこの隔離されたリゾートには、小型機もしくは船で行くしかない。

バリ島、デンパサール。空港に成田からの直行便で降りたら、一旦国際空港ロビーを抜けて小さな飛行機会社のカウンターに行く。その後は、7人乗りもしくは12人乗りのセスナでホテルに向かう。バリ島からこのホテルのあるモヨ島まで船で行こうとしたら、たぶん2日くらいかかるでしょう。

国内線という定期便で行くとしたら、ロンボク空港経由でスンバワ島に渡りそこから車で15分、その後クルーザーに乗り換えて、また1時間。合計3時間余り、えらい長旅です。ところが、デンパサールからこのホテル専用に出ている水上飛行機を使えば、30分もしないでホテルの桟橋に飛行機で到着。めちゃくちゃ優雅な感じです。飛行機には当然、一組のカップルもしくは家族しか乗ってませんから、荷物はその人たちのものだけ。先に到着してビーチサイドでくつろいでいるイタリア人なんかが、どんな荷物が下りてくるかチェックするように眺めています。で、見ていると、オリエント急行時代かというくらいレトロなヴィトンのスーツケース、あの縦長の箱でワードローブそのまま運んでるようなやつが降りてきたりすると、シャンパンなんかやってるビーチの連中も「おおーっ」って感じに感心して、どんな家族もしくはカップルなのか興味津々で見られることになる。

その桟橋は、言ってみればこのアマンワナクラブの入会審査のような場所で、ここでの審査をパスすると、みんな夕食時やバータイムにぞろぞろ近寄ってきて話かけられたりします。そういうところで出会うのは、イタリアのワインヤードのオーナーとか、フランスのデザイナーとか。メルアドを交換しておけば、南フランスのモナコのパーティーなんかに呼ばれたりもする。そういうクラブのようなリゾートは世界中にあります。

アマンワナは、特に秘境にある高級リゾート。どんな野蛮なジャングルの中でもおいしくシャンパンを飲める環境を、という感じ。ゲストは、ワイルドな秘境、そこでの夕日に酔いしれながら、クリュッグなんかを最高のオードブルでパリのレストラン以上の味を楽しめる。そうそう、シャンパンで有名なドンペリニヨンやルイロデレール、これらブランド物はファーストクラスのシャンパンと呼ばれていますよね。でも、そのもっと上を行くプライベートジェットのシャンパンというのもある。実物を見たことがないが、ディアマンとかいうのがあって、アマンワナなんか、デンパサールに自家用機を待機させ、お抱えパイロットなんかをヌサドゥアのホテルに置いたまま、ファミリーだけがこっちに軽飛行機で来るという人もいる。世界の高級リゾートに、飛行機はなくてはならないアクセスとなっています。

こういう高級リゾートにエアタクシーはつきもの。さっきのモヨ島のホテルにいて少し飽きたら、バリ本島のゴルフ場へ行く、そんな時、さっきの水上飛行機をタクシーとして呼んで、北部のニルワナゴルフ場に行く。日帰りでプレーが可能です。世界中にそういうのがあります。ニュージーランド、カナダ、南フランスはもとより、コモ湖、黒海やモロッコ、そしてアフリカにもありました。日本でもバブル時代にいくつかの離島リゾート開発が行われましたが、結局世界のゲストを受け入れることなく、日本経済の地盤沈下で開発は中止になっているところが多い。そういうのを中国企業やら海外のリゾート企業が改めて今後、ワールドクラスのリゾートとして開発しようという動きがある。

なぜ、日本企業はそういう高級リゾートの開発に失敗したかって？　それは、アマンワナのように小型飛行機を使いなれていないこと、そして、その土地の力を無視した開発を行っているからだと思います。もし、ワールドクラスのリゾートが完成していれば、日本国内の経済の停滞とか、デフレなんか関係なく、世界中からお客が来るはずです。日本が不況でもピカソやシャガールが高値で取り引きされるように、こういう高級リゾートには常にお客が来ます。そもそもの開発コンセプトが、日本の景気に左右されるような国内向けの発想しかなかったということではないでしょうか。

海外の成功している孤立型高級リゾートは、その近隣に名所旧跡など何もない中で成功を強いられる。沖縄など、ホテルからちょっと出れば世界遺産やらパワースポットやら絶景ポイントが点在し、レンタカーでわさわさ回るのが行動パターンでしょう。しかし、孤立型高級リゾートはそうはいかない。何せ孤島の中、どこにも行くことができない中でのステイになる。で、そうした時、日本企業はたぶんサラリーマンが考えたアクティビティ、ダイビング?セーリング?ゴルフ?そして、ちょっとした探検、そんなことで時間を潰すように設計されているのが多い。でもね、そういうの、別に孤島に行かなくてもできるし、そういうのに飽き飽きした人たちが飛行機に乗ってやって来るんですよね、本当の高級リゾートは。だから、ゴルフコースとかボートのトローリングとか言われても、みんな海外のパイロット仲間は行く気がしないと言っています。

で、何がしたいか？　それは、その土地の神に出会いに行くんです。その孤島の歴史、自然、そして神話に出会いに。それこそが最高のリゾートライフ。島に洞窟があったら、どうか手を加えないで探検させてほしい。島に湧水や小川があったら、その流れを変えずに何千年と変わらない生命力ある水に手を浸し、かなうなら味わってみたい。海流に海が波立つその向こうに大きな夕日が沈む時、その島の自然、神々に会えた満足感とともに、1杯の冷たいシャンパンと、シェフの手の込んだ地元食材を使った五つ星フレンチに出会えれば、それこそ至福の満足感の中で一日が終われる。

あれして、これして、体験して、そんなものをいちいち人の手で作っても、何の魅力も感じはしない。ゴルフや人の手で整備されつくした世界遺産なんかに飽き飽きした人、そういう人たちが1週間でも10日でも、小型飛行機でしか来れない所に来て時間を島の神にささげて過ごせる、そういう本当の高級リゾートを作ってほしい。

神話の世界は空から。上空から眺めると、日本の神話の世界、文明を持った朝鮮半島や中国福建省からの農耕民族が、文化の遅れた狩猟民族を警戒しつつ、日本の地に最新の農耕文化をもたらした形跡がよくわかります。そもそも出雲大社は対馬経由で渡来した文明人の最初の砦であったことは、上空から見ればすぐわかります。なぜって、あの本州西側の海岸線で一番突出して高い山が出雲の山だから。黒々と森に覆われたその大地の向こうのどこかに敵になる野蛮人が潜んでいるとしたら。渡来人が身を守るのに必要なのはやはり高い山の上、敵が来ないような場所、もし来ても戦いを有利に進められ、最後に敗れそうになったらいつでも山から下って海に逃げ込むことができる要塞。それが出雲大社のあの裏山なのです。実際、最初の出雲大社は模型によると、90メートル以上のめちゃくちゃ高い階段を作っていたそうです。そうやって、野蛮人の襲撃から守れるような場所、出雲が最初の文明人の拠点であり、それが神々の発祥の地になったというのはよくわかります。

出雲大社。行ってみればわかります。そして島根出雲空港は湖の端にあり、とても降りやすい。神社の中に展示されている模型のその階段を見て、エジプトのピラミッドや香港のセントラルにある香港上海銀行本店を思い出した。どちらも、野蛮人や反乱に備えて高い場所で安全を確保しようとした発想は同じ。香港銀行の本店に行った人はわかるはず。5階くらいまで完全な吹き抜け、ホール状態の建物に2本だけ上りと下りの長いエスカレーターが設置されている。香港で暴動なんかが起きたら、そのエスカレーターはスイッチ一つで落下させ、破壊することが可能だそうだ。そうすれば、群衆は上階の銀行中枢には上がれない。その間に屋上のヘリポートから脱出すれば、安全は確保できるという。同じ仕組みが出雲大社にもあったと思う。

ね、こういうことを聞かされながら上空を回り、その高い山を確認してから出雲大社の本殿にお参りすれば、その土地の神に触れたような気分になりませんか？　そして、もしできれば、当時の高床式の最初の要塞みたいなホテルがあったら行くでしょう。で、そのホテルから西に沈む夕日を眺め、渡来人の気分で、ああ、あっちには文明の源、新羅、中華があるよな、帰りたいよなって考えながら、ルイロデレール、クリスタルと、マリアージュばっちりの日本海でとれた魚のカルパッチョ、どうです？　最高ですよね。そこに飛行機でちょっと寄れるとしたら、世界からお金持ちが来ます。

エアタクシーはこういう世界を作り出せる力を持っています。日本には神話がある。その神話にもとづく神秘の物語と、空から見た地形の妙味、そういうのこそ、島に来て未開の秘境に来て味わいたいものです。

エアタクシーの離島間輸送、未開の神のいる聖地への輸送。こういうワールドクラスの神話に触れ、土地の力に触れ、その土地の神に触れるリゾートをたくさん作りたい。それが、海外の富裕層のたまり場、クラブになっていくことは間違いありません。そして、日本にはそういう神の土地がまだまだたくさんある。

7．エアタクシーが街を作る

エアタクシーは、神話の世界や高級リゾートを作るだけではありません。新しい街を作る力も持っています。例えば、カナダの温泉リゾート。最初は一つだけホテルがあったこの場所に、小型機輸送が始まり、お客やスタッフだけでなく、そのリゾート周辺で街を作ろうとする人々も運びます。これは想像に難くないでしょう。

神話の話がさっき出ましたが、人類が船を作って航海に乗り出したことで文明が広まり、人間の住む地域が広がったことはご存じの通りです。飛行機のない時代、海流に乗った船が最も遠く、未知の世界に人を連れて行ってくれました。バリ島で、ある時、買い物をして、「この赤い石鹸と香油、それから子供用の青、黄色、オレンジの服を混ぜて、そのまま包んでください」と通訳してもらった時、通訳の男性が「チャンプルー」って言ったのを聞いたことがあります。チャンプルー？　沖縄にしょっちゅう行っている私には、懐かしい言葉。皆さんも、ゴーヤチャンプルーってご存じでしょう。ゴーヤと卵、ハム、豆腐なんかを混ぜこぜにして炒める料理。沖縄の人も、混ぜこぜのことをチャンプルーって言います。で、バリでも同じ意味でチャンプルーって言葉がある。どう考えても、どっかでつながってますよね、そういう共通項を持つ南の島の文化。その結節を可能にしたのが、昔は船だった。そして今、飛行機がその役割を担っている。

東京、ニューヨーク、ロンドン、パリ？　もう、この都市の間を行き来するのに、誰も船や自動車を考えないでしょう。ま、世界一周クルーズなんかはありますが、移動手段というより航海そのものがレジャー。どの都市間も、何便もの太い航空機定期便の輸送パイプで結ばれている。だから、世界は小さく、文化も共通項が増えてきている。一昔前は、こういうメトロポリタンエリアに世界企業は拠点を持ち、できるビジネスマンはそこを行き来して仕事をこなしていました。

どうです、20世紀の後半、文明は飛行機で拡散そして均一化した。その先にインターネットがあり、より地理的距離は縮まりました。いくらネット時代とはいっても、同時に移動手段である飛行機網が発展したことこそが、アジアや東ヨーロッパ、インドなどの新しい経済圏を作るもとになったのはおわかりでしょう。トーマス・フリードマンの『フラット化する世界』という本がありましたね。世界はよりフラットになって、一般の労働力や製造産業は、全世界の非常に貨幣価値の高い、逆に言うと人の労働力や製造コスト、地代などが安い地域と、直接競争しなくてはならなくなってきました。だから、世界中でデフレ。当たり前です。都市部に都市近郊の製造拠点しかなかったら、インフレはもっと容易に蔓延した。しかし、世界がフラット化した今、中国で作ったものや、インド、フィリピンで作ったものが、2、3日で東京、大阪のスーパーに並ぶ。競争が世界中に広がったのです。で、そのためには飛行機輸送。世界中の物や人が、今や飛行機に頼って動いています。船便は減少傾向にある。なぜか、飛行機の性能が良くなり、経済効率（燃費）も飛行コストもどんどん下がってきたから。だから、世界中がその恩恵を受けている。

極端な言い方をすれば、今のデフレが蔓延する経済は航空機がもたらしたと言ってもいいでしょう。世界の物流がより進化し、それがネットの発展とシンクロナイズして、より安い物、経済効率のいいサービスに人や物が流れ、デフレ傾向を進展させているという現実。そうであるならば、日本国内の景気浮揚にはその航空機を使ったポスト角栄のインフラ整備が最も現実的ではないですか。定期便で使われる大型旅客機のもたらしたフラット化する世界を生き抜く国を作るには、日本では、小型機による輸送網を張り巡らす巨大インフラ投資が必要と考えるのは、理にかなっていると思います。もっと言えば、世界は航空機でフラットになり、世界の他の国との競争が身近になっているのに、日本国内は昔のまま道路や鉄道、船を中心にしたインフラで経済活動をしていたら、取り残されるのは目に見えていますよね。

国内にも航空機ネットワークはある？　その通り、日本国内にも航空機のネットワークはあります。そして、そういう定期便の飛んでいる場所には活発な経済活動があります。先に述べた北九州市の工場や研究施設は、空港あってのもの。福岡、大阪、東京、札幌、こういった幹線航空路のある都市は、がっちりと経済循環の中に組み込まれて、商業や不動産市場だって十分な大きさがある。それに引き換え、その航空網から取り残された地方は、完璧なシャッター街になっている。

地方都市にこそ、航空インフラ。しかしそれは、地域や市場の大きさに準じたバランスの取れた航空網でなくてはなりません。いきなり人口１０００人の村に７８７を飛ばしても、お金の無駄使いになるばかり。間尺に合いません。ＭＲＪだって大きすぎる。ホンダジェットは小さいが早すぎる。田舎道を走るのに、いきなり新幹線を引きませんよね。ローカルの電気バスとか、今なら自動運転ライトバンで十分。同じことが空にも言えます。１０００人の人の移動は、統計的な移動のデータを取るほどのものではない。そして、すこぶる個人的な理由で移動する。だから、時間や着陸する場所を選ばない小型機がちょうどいいんです。そしたら、街の何かが近隣の都市部と結び付くはず。小さな田舎のビール工場が、いきなり全国区の配送網を持つようなもの。地方都市の特徴ある産業が世界に結び付く最初の結節点となるでしょう。

インターネットは確かに新しい世界を作っています。しかし、ネットだけでは発展しませんよね。文明や物流の交流はやはり、人と物の移動、飛行機。それがあってこそ、平準化したフラット化した世界経済が成り立っている。まだまだ東京一極集中。せっかくネットでどこでも仕事ができるようになっても、せいぜい新幹線の沿線くらいでしょうか？　既存の田中角栄時代のインフラ整備でつながった地域だけがその恩恵にあっている。ただ、角栄時代の古いインフラのせいで、移動には結構な時間がかかる。２時間。大体それがいいところでしょう。ぎりぎり日帰りができる時間距離。本当は1時間以内が快適な通勤、通学そして移動時間でしょう。では実際、角栄の古い高速道路や新幹線を使って1時間でどこまで行けますか？　大した距離ではありません。それに自動車はいいけれど、新幹線は時刻表があるから、移動が1時間なら実際に新幹線に乗る時間は30分でしょう。

そういう時間距離の壁があるから、どうなるか。中途半端な移動時間が残っていると、当然ストロー現象が起こります。要は、高速移動手段でも古いインフラしかないから、まあ、距離感は縮まったが、実際、地方に在住し続けて、仕事をバリバリこなすというわけにはいかない。それなら東京に住居を持って便利な東京に住んで、ちょっと休みになれば帰るかという感じ。そうやって、どんどん東京が人や物を吸い上げる。それがストロー現象。おかげで首都圏は人口流入でどんどん増加、地方はシャッター通りだの過疎だのということになる。

古い時代のインフラのままでは、それが未だに現実。高速道路なんかぜーんぶまとめて20世紀遺産かなんかにしてしまって、新しい空の移動手段のインフラ作りませんか？

インターネット時代の人の時間感覚に、角栄時代の古いインフラが追い付いていない。便利にはなったが、首都圏のイメージは膨らんではいない。だから、みんなどんどん東京に出て、本当の地方創生なんかできっこない。大昔、新潟から東京まで新幹線で2時間ならもう隣町じゃなんて言ってた距離感が、逆に今や2時間かかっては通勤もできないし、ホテル代もったいないから向こうに住んだほうがいいということになる。

21世紀の航空機による新しい移動インフラを作りましょう。そうすれば、関西にいても、九州、関東は日帰り圏。1時間で、ちょっと神戸空港から飛んで北九州でミーティングなんてのも何度も経験があります。小型機なら、四国だってもう関西圏です。南紀白浜なんか30分もあれば行けるので、ちょっと近所の銭湯に行く感じで温泉に行けます。あと経済発展の激しい沖縄、多くのビジネスマンが飛行機を使って大阪や九州に日帰り出張？というか、もう出張という感覚はなくて、日帰りのミーティングに向かうということがすでに現実のものです。例えば、沖縄本島の北部に小型機やFV専用の北部空港を作ったら、北部にある名護市は観光やビジネスの拠点になる。那覇との分業も進むでしょう。那覇を中心にした経済圏から独立して、名護を中心にした種子島、屋久島、奄美、与論、そして伊是名、伊平屋、伊江島、もしかしたら鹿児島とも小型機でつながった新しい名護経済圏ができる。こういう場所を増やしましょう。そうすれば、日本中が新しいインフラでより時間的に近距離でつながり、仕事やレジャーで縦横にみんなが飛び回って、地域ごとに特徴のある街が出来ます。

医療センターの街。行ったら病院ばっかり。いろんな医療施設がある。アウトレットモールの街。巨大ショッピングセンターが、2個以上、アメリカの強者なんか、似たようなモールが4つも固まって出来てる街すらあります。温泉の街。牧場だらけの街。介護施設の街。教育センターの街。留学生の街。研究センターの街。農業の街。食品加工の街。ビジネスの交流と会議施設の街。計算センターの街。印刷業の街。重工業の街。零細工業の街。

街の分業化がどーんと進む。角栄の古いインフラではここまではいきません。だって、ビジネスの街から製造の街まで2時間3時間かかったら、どっちかに住もうということになる。そうじゃなくて、住まいはもっと分散して、山の中でも海岸でも住んで、近くの飛行場から、それこそ離島から製造の街に働きに行く。そういうことが可能になります。こういう新しいポスト角栄のインフラが出来てこそ、本当の地方分業、地方創生が実現します。

で、何度も言いますが、これにＭＲＪは向きません。ＭＲＪもホンダジェットも、角栄の古いインフラ思想の延長線上で、ある一定の決められた区間で、高速移動手段を提供するだけ。ネットのウェッブのようなメッシュ状態の、新しい移動インフラではない。たった90くらいしかない今の現存の空港にすら、全部降りれないんですもの。小型機を普及させ、トヨタ、日産、ホンダ製の小型機を作りましょう。それが今度は、過疎化した日本の街づくりを変えます。飛行機は、新しい街を作る力を持っています。そして、その小型機で今ある90の空港を縦横に結んだら、そういう小型機移動の成熟に合わせるようにＦＶの産業革命を起こしましょう。それには、多くの人が今の自動車の運転免許証と同じようにＦＶの免許を持たなくてはなりません。

ほら、ここにもう新しい産業、新しいマーケットがあるんです。それについて、次の章で詳しく見ていきましょう。

第３章　パイロット養成学校

１．パイロット不足、２０３０年問題

ＬＣＣの発展は、航空機需要を増やし飛行機の旅を身近にしましたが、しかし、同時に乗員や整備などの人員不足の原因にもなっている。すぐに養成できるわけではない。大体自家用機のライセンスを取って、事業用その上の定期航空のライセンスまでとなると、１０００時間は機長としての乗務経験が必要。そんなにすぐにはパイロットを養成できないのです。そういう中で、例えば２０１７年４月から日本航空（ＪＡＬ）のパイロットの給与が大幅にアップしました。

２０１０年の経営破綻後、他の航空会社に比べても安い給与に抑制されていたため、パイロット不足の航空業界で引き抜きの草刈り場になっていたのだ。これまでＪＡＬの乗務員の年収は１６００万円程度と言われていたが、それが１００～２００万円程度アップするとい

う。しかし、それでもまだパイロットに対して海外企業からの勧誘があるのだそうだ。

日本では2016年に、ピーチ・アビエーションが乗務員を確保できずに欠航を余儀なくされたことがある。タイのLCCであるノックエアも同様の理由によって欠航が相次いだ。パイロット不足はそこまできている。ICAO（国際民間航空機関）の予測データによれば、2010年の段階では全世界で46万人であったパイロットの数が、2030年にはおよそ2倍の98万人必要になる。その内の23万人がアジア・太平洋地域に必要な人数だ。2010年段階で5万人しかいないアジアのパイロット需要が、わずか20年で4・5倍に増える。

LCCの隆盛は世界中の航空需要を拡大させ、飛行機を庶民の足にした。その最大のウリである低運賃を実現させたのが、低コストの経営だ。しかし一方で、安全に関して言えばLCCもフルサービスのキャリアも違いはない。同じライセンスで同じ安全基準が求められる。ご存じのように、パイロットの養成には多額の投資と長い年月を必要とする。大手の航空会社であれば自社養成も可能だが、LCCのビジネスモデルでは不可能な話である。つまり、LCCではパイロットをどこかから見つけてこなければならないのだ。ところがそう簡単には見つからない。日本には日本の、米国には米国の、欧州には欧州の資格が必要であることや航空機も機種ごとのライセンスがあるため、機種それぞれに取得しなければならないからだ。しかもパイロットは高度な専門職だけに人件費は高く、人材の確保に余裕を持たせると経営を圧迫しかねない。足りないわけにはいかないし、かといって人余りにさせておくわけにもいかない。ＬＣＣはいつも人材に頭を悩ませていると言っていい。だから、ひとたび辞める人が続いたり、急な事業の拡大に直面すると、最悪の場合、欠航や強引な引き抜きで対応しなければならない。そもそも、２０１２年の同じ時期に日本で3社ものＬＣＣが誕生できたのも、２０１０年の破綻でＪＡＬを離職したベテランパイロットたちがいたおかげだった。

ちょっと不吉な話をすれば、乱立し始めたＬＣＣの経営統合や破綻などが次の小型機によるエアタクシーや小型機輸送の充実発展には必要なのかもしれない。もし、私がＬＣＣの経営に関与しているなら、本体の定期路線で稼いでいる間に、次の手として小型機によるエアタクシー事業を立ち上げるだろう。それは歴史の必然でもあるし、パイロットの養成確保という面からも即効的な効果がある。つまり、事業用ライセンスだけを持った機長を小型機輸送で活用し、将来の定期便機長職の訓練を兼ねた運航経験を積ませるというもの。つまり先に述べた１０００時間の機長経験をエアタクシー業務で積ませるということ。ＩＣＡＯの予測通り、パイロット需要が今後もっと増すのは間違いのない事実。しかも、現在の主力である40代が大量に退職する２０３０年問題まで持ち上がってきている。すでに、こうした需要を見越して各社は動いており、ビジネスにする会社もあるが、小型機輸送の事業部門はその

LCCにとって将来の定期便パイロット確保という意味で、大きな役割を果たすだろう。

ANAホールディングスは、2011年に訓練事業に参入。2013年には米国のパイロット養成会社であるパンナムホールディングスを1億3950万ドルで買収し米連邦航空局（FAA）のライセンス取得も可能にしている。さらにその翌年にはタイに訓練施設を作り、旺盛なアジア・太平洋地区の需要を取り込む。エアバス社も同様だ。シンガポール航空と共同で新たな訓練施設のオープンを発表。エアバス社は仏トゥールーズ、マイアミ、北京と訓練施設を持っているが、旺盛な需要を背景にシンガポールにシミュレーター8基を抱える最大の施設を作った。すでに17の航空会社が、この施設を利用する契約を結んでいる。

日本でもこうした需要を取り込もうと、私立大学も参入してきた。東海大学を皮切りに法政大、桜美林大など、最近では日体大もパイロットの養成課程を開始するという。ところが、高額な授業料負担は一般家庭には厳しい。大阪観光大学や工学院大学などでは、留学とセットになったパイロットコースでそのコストを抑える操縦学科をスタートさせている。国交省の資料によれば、国内パイロットの出身構成は約40％が航空大学校で、自社養成が34％、その他、防衛省、外国人、大学などで約26％となっている。しかし、自社養成は経営事情に左右され、航空自衛隊OBも即戦力ではあるものの定年までの在籍期間が少ない上、例えば、民航機だと揺れを少なくするために雲を避けて飛ぶが、自衛隊にその配慮は必要ないなど飛び方も違う。結局は航空大学校頼みになりそうだが、定員を増やすまでには至っていない。国交省もこの問題に64歳だった年齢制限を67歳まで引き上げ、さらに副操縦士としての技能付与に特化したライセンスであるＭＰＬ（准定期運送用操縦士）を新設し、取得期間を約９か月短くするなど工夫を凝らす。

そう、いろいろなパイロットの人材確保の一つとして、ＬＣＣ自体が小型機による輸送事業に参入すれば、最初は医療関係者とか特定の事業者（例えば、しょっちゅう地方の工場に行く必要のある会社や地方の製造業の作った製品を都市部に輸送するような）との事業を提供することで、経験のまだ少ないパイロットを確保しつつ収益も追求できるという二重のメリットがある。

現在では、事業用のパイロットライセンスを取っただけでは、すぐにパイロットとして就職というのは難しいが、そういう事業用の免許を取り立てのひよっこパイロットでも、すぐにこうしたエアタクシー業務で職にありつくことができるという状況になれば、ライセンスを目指すことの経済性が成り立つし、経済性が成り立てば、それを目指す若者も自動的に増えてくる。パイロット不足を解消するには、そのように若者がパイロットライセンスを目指すことの現実的な経済、計算、人生設計が担保できるようにすることが何よりも重要だ。そして、そういう若者や社会人が増えたら、もっともっと訓練する場所を増やせばいい。地方にパイロット学校。これがもう一つの、航空機がもたらす地方創生。新しい産業革命のほんの一つの波である。

では、どうして地方のほうが飛行機の訓練にはいいのか？　それには理由があります。

2．地方にある訓練空域

飛行機の訓練には、トラフィック、エアワーク、ナビゲーションの3種の訓練があります（詳しくは、拙著『プライベート・パイロット』をご覧ください）。

トラフィック訓練は、空港の周辺というか空港で行われます。それができる空港はたくさんあり、90余りある日本の空港でできない空港のほうが少ない。例を挙げると、成田、羽田、伊丹、関空、セントレア、福岡、那覇など、定期便の離陸着陸でめちゃくちゃ忙しい空港。ジェットが150や200ノットでつっこんで来る飛行場で、90ノット、遅い場合は60ノットにもなる小型機の離着陸の訓練をやられたら、たまりませんよね。何便か遅れてしまうことになるでしょう。そういう理由で、訓練できない空港。あとは基本的にできますが、訓練許可の段階で操縦免許のない人はタッチアンドゴーはしないでくださいという空港も多い。

それはやはり他機との関係や管制設備の問題。

例えば、関西の小型機のメッカである八尾空港は、小型機の専用空港と言えるくらい、やたら毎日訓練してます。で、そういうところの管制官は結構ベテランが多い。というか、やはり豊富な経験と判断力のある管制官が見ていてくれます。私も訓練中に飛行機が滑走路に対し真横を向いてあわや事故か?という場面がありましたが、管制官は冷静にそして逆に訓練生である私を落ち着かせようと「大丈夫ですか?」などと声をかけてくれました。飛行機の訓練は教官もいることですが、それ以外にも整備士の方や、こういう管制官、レーダーを見ていてくれる専門官など、多くの人に支えられていることを実感したものです。

そういう余裕というか、システムのない空港では、訓練飛行はできなかったり、一部制限されていたりします。そして、大事なことは、地方の空港、離島空港などは、むしろこういう訓練飛行も大歓迎ということです。飛行機は着陸するたびに1回当たりいくらかの着陸料を支払います。なので、タッチアンドゴーを3回繰り返せば、3回分の着陸料金を請求されます。もちろん、大した額ではありません。大体どこの空港でも、1回の着陸料は1000円です。3回なら3000円払うことになりますから、いいお客さんだというわけです。どこの地方空港でも、何回離着陸があったかというのは情報公開されているくらい、みんな気にしてるんですね。だから、その数字を上げてくれる訓練はありがたいわけです。地方では、例えば宮崎空港など、航空大学校の訓練施設がありますから、どんどん飛んでます。そういうところは多くはありませんが、逆に地方のちょっとした空港であれば、このトラフィックの訓練はウェルカムだということです。

そしてエアワーク。これは、自分の思い通りに飛行機を操縦する技術を身に付けるための訓練です。で、この訓練、変な飛び方をたくさんします。スローに飛んだり、急に上昇したり、逆に旋回しながら急に降下したり。こういうの、みんながいる空域でやったら危ないですよね。飛行機同士衝突の危険があります。そういうことから、ちゃんと訓練空域というのが定められています。例えば関西だと奈良県の上空、奈良盆地の中で訓練空域が設けてあります。で、そういう訓練空域は一時に使える機体は1機と決まっています。だから、予定が決まったら、訓練生はこの空域の使用時間を予約します。大体1時間ごとに予約を取ってくれます。理由があって長く使いたい場合には2時間とかも可能ですが、2時間真剣にエアワークというのは訓練の段階ではかなりきつい。短い人の場合、30分だけ予約する人もいます。

中部以西では、この訓練空域の予約を福岡コントロールが受け付けているので、誰でも電話で予約することができます。奈良県上空以外には、瀬戸内海の姫路沖から淡路島にかけての海の上とか、岡山の中国山地の中にもあります。こういう訓練空域、当然ですが人口の密集地を避けて作られます。ほら、出た、過疎地の上空。そして、海上や山岳地帯の上空。どうです、訓練空域は地方にこそ多くあるんです。宮崎空港の周辺はやたらややこしい訓練空域に囲まれていますが、これは航空大学校のせいでしょう。自家用機で宮崎に近づくと、たどたどしい無線の声で訓練生が一生懸命に飛んでいる様子などが聞こえてきます。そういうのを聞いて管制官からの指示を受けながら、もしどこかの空域で訓練機がいたらそこを避けて飛ぶようにします。そうしないと、向こうは周りを見る余裕もなく変な飛び方をしていることもあって、衝突やニアミスの危険があるからです。訓練機がいる状態をウェット、いない状態をドライといい、「今、そこはドライですから、どうぞ通過してください」などと指示されます。

また、小型機訓練のメッカ、八尾空港に近いということがあり、先ほど述べた奈良県上空の訓練空域はかなり込み合っています。だから、結構時間厳守。次の訓練機が到着するのに、前の機体がまだ訓練していたりすると、お互いに同じ無線を聞いていますから、譲り合って「こちらはもう終了しますから、どうぞ入ってください」とか「では、もう少し、空港周辺でトラフィック訓練をやってから向かいます」などと交信しているのをよく耳にします。また、実際、この時間に訓練したいのに、空域が開いてないので、今日は飛べませんね、ってことも多々あります。

で、地方の空域。空いてますよね。空っぽに近い。だからどんどん地方の空港で訓練して、地方創生に協力すればいい。自動車の合宿免許みたいに、地方に訓練学校を作って離島近くの空で訓練するのは理想的訓練環境になると思います。

飛行機だから、多少遠くても訓練空域まで飛んで行ってやればいいじゃないかって？　その通り、試験近くにどうしても訓練したい、でも空域が空いてないという場合、遠くても行くことはあります。ま、でも飛行機ですから、遠くても15分程度飛んでという感じです。例えば、いつもは八尾空港を出てすぐの奈良盆地上空でやっていたけれど、今日はいっぱいなので神戸の西、姫路沖の瀬戸内海上空でやろうというようなことはたくさんあります。そこまで行くのに大体15分くらいでしょう。それ以上かけていては、飛ぶ時間、燃料がもったいないという感じです。なので、地方、離島のほうが、ずっと便利で理想的な訓練環境があると言えるのです。この点で、地方創生と航空機訓練は親和性があります。

3. TPPの影

TPP（トランス・パシフィック・パートナーシップ）。2016年2月にニュージーランドで署名式が行われた。物の移動だけでなく、サービスの共通化、自由化が、太平洋を囲む国々で加速する。

現在、海外で飛行機の操縦免許を取得して、日本での書き換えをするパターンが多い。日本国内だけの訓練で免許取得までしようとしたら、航空機の賃貸料だけで数百万円かかってしまう。１時間当たりの賃貸料が４万円から５万円、高いところでは７万円かかる。自家用ライセンス取得まで60時間くらい乗るとすれば、それだけで２５０万円から４２０万円。平均的なところで３００万円前後は必要だろう。これに教官に支払う費用を入れると平均で４００万円から５００万円というのが、今の通り相場。で、これを飛行機の賃貸料や教官の費用が安い海外、例えばフィリピンなどで行ったとしたら、２５０万円くらいになる。日本国内ですべてやった場合の半分まではいかないが、１００万円以上は安くなるのではないか。これが現在の話。しかし、もしＴＰＰが実行され、免許取得のスタンダードが日本国内もフィリピンも同じになってくれれば、たぶん同じ金額になる。日本国内でも海外でもおよそ２５０万円から３００万円程度になると思う。

そう、ＴＰＰが導入されれば海外での免許取得費用が上昇し、日本国内のコストは下がってくる。落ち着くところ、このあたりの金額になると思う。理由は二つ。海外ではコストが上昇、国内では下落するから。そして、同時にライセンス取得の基準、ハードルが国内では下がるのに対し、海外では難しくなるから。要は、価格（コスト）と試験の難易度の両面で海外と国内の差が小さくなり、結果、そのどちらでライセンスを取得しても同じだということになっていく。そうやって日本でのライセンス取得のコストが低下したらどうなるか、つまりそれは中国やインドネシアからの観光客流入が増えるのと同じで、割安感が出れば、それは日本で取りたいという人が多く流入する。円が安くなり中国経済が成長したために、日本旅行が身近になって、どっと中国から観光客が押し寄せたように、気が付いたら日本はアジアにおける操縦士パイロット養成のメッカになっているだろう。

理由？　それはクオリティ。日本の空は、アメリカや赤道直下のインドネシアなどに比べれば不安定な気候に悩まされることが多い。夏は台風、冬は偏西風にさらされ、穏やかな日は比較的少ない。また、山岳地帯も多い。で、そういう難しい環境だからこそ、日本で訓練したパイロットは、細かな操縦技術において海外取得組を寄せ付けない。たぶん両方の空を飛んだことのある人なら、感じたことがあると思います。アメリカの空ではまるでオートマ車に乗っているような安定感がある一方で、日本の空では常に神経を使う。

同じ時間だけ飛んだとしたら、日本の空を飛んでいる人のほうがたぶん技術的にいろいろな対処の方法がこなれていると思う。それだけでなく、やはり日本には練習できる機体の種類も多い。また、もしエアラインのプロパイロットになろうとしたら、やっぱり日本で訓練した人のほうが就職の機会は圧倒的に多い。何でもない日本語学校ですら留学希望者が後を絶たないのだから、日本でパイロットライセンスを取り、希望すれば日本での就職も可能な訓練校への留学希望者は世界中に千人単位でいる。

海外のエアラインパイロットで、民間から訓練してなった人の数は未だに多くはない。軍隊で戦闘機に乗ってた人が、40歳くらいになって戦闘機に乗れなくなったところでエアラインの副機長になって訓練し、40代半ばで機長になるパターンが多い。だから、インドネシアやフィリピンの民間学校で訓練しても、たぶんローカルの中型機の機長になっていくのが精一杯で、そこから国営ラインのパイロットになり、国際線を飛んで成田や関空に来るというのは今のところちょっと考えにくい。シンガポール、ジャカルタなどのＬＣＣくらいではないだろうか、民間での訓練だけでなった場合。その点、日本の訓練学校を出れば、そのまますぐにでも大手エアラインのパイロットに応募できる。採用されるかどうかはその時の運だが、高望みさえしなければいくらでも国際線のパイロットになれる可能性はある。

そういうクオリティの確かさが、海外からの訓練生を呼ぶ。唯一問題なのは、言葉の壁だろう。日本の学校で日本人の教官に教えてもらうのに、すべてを英語でできる学校は今はない。だが、日本の大学も英語だけで授業をする学科を増やしているし、海外留学生の受け入れを進めようとする傾向にあるので、近いうちその延長線上にパイロット養成学校が英語のみの訓練で行うコースを国内に設けるということは、想像に難くない。思い出してほしい。パイロットの無線交信は原則英語だし、航空機関係の専門用語もすべて英語、なので英語で教えるのは理にかなっている。

そこまでの変化には時間がかかるとしても、海外で取っても日本国内で取ってもそんなにコスト的に変わらないということになれば、間違いなく日本人の生徒は国内でのライセンス取得に流れるだろう。日本人の生徒で、英語の壁に阻まれてライセンス取得を諦めていた人たちが、なーんだ、海外に行かなくてもそんなに高いものじゃないじゃないかということになれば、国内に回帰する。そういう時代が新しくもたらされようとしている。日本人の操縦合宿訓練生や外国人の留学生で、地方の空港が埋まる。そんな地方創生、教育産業創生の形はもう目に見えている。

4．世界で伸びる航空機輸送

世界の航空機輸送は、ネットの普及と並行して爆発的と言ってもいいほどの増加をたどっている。

一方、日本の空港統計だけを見ていると、年間の増加率は主要国内路線で4%、海外旅客などで11%、国内ローカル線に至っては1%程度という体たらく。やはり地方人口の減少、首都圏集中の影響は大きい。明るい話題といえば、沖縄那覇空港の増加が著しいということくらい。一方、世界に目を向けると、ICAO統計では次のように発表されている。

	1995-2000	2001-2005	2006-2010	2011-2015年
米	5.7%	2.2%	0.6%	2.9%
欧州	6.4%	2.8%	2.8%	6.0%
アジア／太平洋	7.2%	7.5%	5.0%	10.0%
その他	2.9%	7.0%	9.7%	5.1%
世界合計	5.8%	3.7%	4.0%	6.2%

6%の成長というと、現在大型の旅客機は全世界でおよそ1万8000機程度と言われているので、毎年1000機ほどは増えているということでしょうか。航空機の累計は20万機程度で、実は大型の旅客機はたったの9%です。ほとんど(92%以上)は、小型機、中型機で、小さな輸送に使われているのが実態。そのうち、15万機程度が実際に稼働しているので

はないかと言われているので、これが毎年6％増加だと、年間で約1万機の増加。パイロットの需要はベースで1万人程度はあり、最終的な大型旅客機の機長、副機長の需要は１０００人から２０００人規模とされています。

この数字は純増ですから、退職パイロットの埋め合わせにどのくらい要るのか、ちょっと想像がつきません。日本においては、２０３０年問題と言われているのは前の章で説明した通りですが、世界中で需要の拡大が続いているのです。

で、最近この数字を裏付けるようなことを経験しました。これまで海外のパイロット養成学校では、日本人はきちんと授業料も支払うし、何より熱心に練習するので評判もよく、生徒としては引っ張りだこだったのですが、私が個人的に紹介しようとした生徒さんが、なんとオーストリアの学校から断られてしまったのです。びっくりしました。日本人の生徒さんで、国内訓練ではなく趣味のための取得で手っ取り早く免許をという場合、どちらかというと経済の遅れた東ヨーロッパやら東南アジアの学校に紹介することがありますが、それは買い手相場、どの学校にするかは紹介する私のほうが選び放題といった感じだったのです。ところが、ヨーロッパがいいというこの友人のため、観光も兼ねてオーストリアならいいだろうということで打診したら、「来年いっぱいの訓練予定が埋まっている」と言って断られてしまったのです。ショックでしたね。

学校側としても、紹介されるのはうれしいし今後もお願いしたいという丁寧なコメントが付いていましたが、一方で、最近はインドやミャンマーなど東南アジアの生徒の申し込みが多く、とてもすぐに機体と教官を用意することができないというのです。以前なら、インドの生徒さんを一部断ったり、すでに予定が入っていても来週出発したいからとこちらが強く言えば、既存の生徒の訓練スケジュールを先延ばしして、ずらしてでも日本人学生は受け入れてくれていたものです。

それが、今回は完璧に断られた。もちろん、この生徒さんのために他の学校を紹介し、そこでの受け入れで何とか本人の夏休みに合わせて訓練に行くことはできましたが、ショックを受けました。世界のパイロット需要の高まりを実感した出来事でした。

結局、経済が伸びれば、それに呼応して航空機需要も伸び、パイロットの需要も当然うなぎのぼりになるということです。そしてその勢いは、先に見たように日本国内の動向しか見ていないと世界の熱い状況がわからなくなる、成長のスピードの実感をさっきの私がショックを受けたようにフォローできなくなるという状況が今、目の前で起こっていると思います。

もっと言うと、たとえ国内でパイロットライセンスを取ったとしても、海外のエアラインやら航空機会社に就職するという可能性もめちゃくちゃ増えてくるだろうなということを感じます。そのためには、平気で英語以外を話す地域で生活できる知恵や感覚を身につける必要があるでしょうね。そういうことからも、今、日本では教育の国際化、例えば英語教育の充実やＡＯ入試の普及などが進んでいますが、このパイロットの訓練、教育こそ、最も国際的に軽く国境を越えて生活のできる専門教育だと思います。

そこで、日本の教育制度の現状の中で、パイロット資格の取得がどのように行われているか、次節で検証してみましょう。

【平成27年航空輸送統計（暦年）の概況について】

（要旨）

1．国内定期航空輸送実績　平成27年における国内定期航空輸送の旅客数は、幹線が４１３１万人で対前年比３・６％増、ローカル線が５４５６万人で対前年比０・１％減、全体として９５８７万人で対前年比１・４％増であり、全体としては平成24年以降増加傾向にある。また、貨物重量は、幹線が67万７０７９トンで対前年比０・０％減、ローカル線が24万２２７７トンで対前年比６・６％減と共に減少しており、全体として91万９３５６トンで対前年比１・８％の減少となった。

2．国際航空輸送実績（本邦航空運送事業者によるもの）　平成27年における国際航空輸送の旅客及び貨物は、平成24年以降増加傾向が続いており、旅客数は大幅に増加し、１７８９万人で対前年比11・５％増、貨物重量は１４０万２１５５トンで、対前年比０・９％増加した。

（注）
1．「幹線」とは、新千歳、東京（羽田）、成田、大阪（伊丹）、関西、福岡、那覇の各空港を相互に結ぶ路線をいい、「ローカル線」とは、これ以外の各路線をいう。
2．貨物量には、超過手荷物及び郵便物を含まない。
3．本邦航空運送事業者により運航された国際路線の輸送実績である。
総合政策局情報政策本部情報政策課交通経済統計調査室（平成28年3月18日）より

5．パイロットが、日本の高校卒業資格、大学の単位になる時代

法学部を卒業しても弁護士にはなれない。司法試験に合格しなくてはいけない。それと同様に、各種学校で航空機操縦学科を卒業してもパイロットになれるわけではない。しかし、医学部同様、医学部を卒業して医師免許を取得できない人がほとんどいないように、操縦士学科を卒業しながらパイロットライセンスを取得できない人は多くはない。

だがしかし、である。一口にパイロットといっても、その資格にはいくつかの段階がある。

一番最低の資格、言ってみれば「お医者さん」と人から呼ばれるのに必要な部分の資格というのは、ＰＰＬというやつ。プライベート・パイロット・ライセンスの略である。この上に、計器飛行証明と飛行機の型式証明というものがある。この何とか証明というのは、ライセンス上の種類というよりも、付加的な技能を持っていることを証明する意味合いが強い。そして、その上に事業用のライセンス、定期運送用操縦士などが存在する。

計器飛行証明というのは、外を見て飛ぶ有視界飛行だけでなく、計器だけを見て飛ぶことのできる技量があるという意味。型式証明というのは、主にジェットなど航空機の種類ごとに許可を得る必要のある機種に乗れる技能があるということ。で、最初の自家用免許、有視界飛行の資格しかないからといって、計器飛行をしてはならないということではない。法律上、ちょっとややこしいが、計器飛行方式による飛行というのがあって、たとえ免許上有視界飛行のライセンスしかなくても、30分以内の飛行であれば計器飛行方式で飛んでもいい。

何が言いたいかというと、何とか証明というのは免許の付加的な技能のことで、どっちかというと簡単な訓練や学習で実行できる。しかし、その上のライセンス、事業用ライセンスや定期運送用操縦士になると、これは自家用のＰＰＬを取ってから２５０時間の飛行経験が必要であったり、定期航空のパイロットでは５００時間くらいは必要。パイロットの最終形というか、たぶん最も難しいと言われているのが教官、つまりパイロットを育て教えるためのライセンスで、これになると、日本では１０００時間くらいの機長としての飛行が必要になってくる。最近は、パイロット不足に対応して准定期運送用操縦士という資格が出来た。これは、定期便の副操縦士コーパイロットをまず目指すという試験。どういう内容かはまだ詳しく検討していないが、いろいろ聞いたところによると、定期運送用操縦士つまり機長職を目指せる資格の手前で、かなり中身は易しくなっているとのこと。とにかく、機長は無理でも副機長で若い操縦士をどんどん作っていかないと日本の空が守れないということだろう。

どうも、基礎的なＰＰＬの資格難易度だけではなく、この上位ライセンスの難易度も各国によって現状では開きがある。日本では、教証という教育証明（教官ライセンス）まで持っている人は、職業としてパイロットである人が多く、いろいろな航空学校の就職先をいつも探している人が多い。一方、アメリカなど他の国では、そういう教育証明ですら、比較的簡単に一般の人が取得しており、知り合いなど、デルタ航空のＣＡをしながら、その米国版の教育証明を持っている人がいるくらい。彼ら彼女らにとって、そのライセンスは趣味の域を出ていない。かたや日本で教育証明まで取得すれば、一生食いっぱぐれはないと言われるぐらい貴重なライセンスとなる。そういうギャップがまだ存在する。大体において、米国の教育証明を持った教官なる人は、ほとんど別の職業で生活しており、専属の教官職のほうが極めて少ない。

この差は今後どんどん小さくなり、外国では難しくなる一方、日本ではもっとポピュラー、簡単になる。パイロットライセンスは、最終的には国を超えて使うことが可能なので、この変化は他の医師や弁護士などのライセンスよりもずっと素早く起こることだろう。

で、そういうパイロットライセンス、その取得に向けた訓練は、いわゆる日本の高校や大学のカリキュラムになりつつあることをご存じだろうか？　これまでは、日本でも自衛隊でライセンスを取るか、航空学校などの専門の学校に入るかしなければパイロットになれなかった時代が長い。今のインドネシアやミャンマーなどの新興国では現在でもその傾向が強い、というかそういうルートでパイロットになるしか、よほどのお金持ちでない限りは可能性がない。中国でもそうで、チャイナエアーのパイロットはほとんど中国の空軍の出身者で占められているという話を聞いたことがあるという人も多いと思う。

日本の場合それが、だいぶ民主化、私立の専門学校でもパイロットを目指せる環境が増えてきている。しかしながら、専門の航空学校は一般の教育制度の外側にあって、これまでパイロットの教育を受けた若者の中にはいわゆる飛び屋、パイロット馬鹿でそれ以外の一般教養が劣っているという状況がたびたび見られた。

パイロットライセンスは、年齢が17歳になったら取得できる。18歳にならないと取得できない自動車の運転免許より先にパイロットになれる。そんな人いるの？　いるんです。航空高等学校では、高等学校卒業までに先のＰＰＬの資格を取得できる。ということは、高校１年生なら15歳から訓練を始めるので、17歳でＰＰＬ取得はそんなに難しくない。逆に言うと、そういう高等学校があるから、法律上17歳から操縦士の資格は取れるように決まったと言ってもいいだろう。で、高校卒業までの18歳まででパイロットになった、だけど、自動車の運転はまだできませんという人たちがいる。実際にそういう人たちに会ったことがあるが、彼ら若い人の吸収力はすさまじく、たぶん18歳でもエアラインパイロットとして十分飛べる技能があるのではないかと思えるほどだ。だから、彼らの就職は比較的早いうちに決まっていく時代になっているが、さっきの上位資格は、それぞれの航空会社に入社してから訓練するということになる。

で、そのように高校卒業してすぐに大手に就職できるというパターンは、今のところ増えてはいるが多くはない。たいていは自費で、その上の事業免許とか計器飛行証明なんかを取得してからの就職活動になる。なぜなら、採用するエアラインの側からすれば、これからまだ何百時間も自社で飛行させて訓練しなくてはいけないＰＰＬより、すでにそこは終了済みで短い追加訓練ですぐに副操縦士になってもらえる人を優先して採用しようとするから。特にＬＣＣはその傾向が強い。

一方、ＪＡＬやＡＮＡというような大手キャリアになると、実は操縦士資格だけの選考基準で採用が決まるわけではない。そこはやはり人格的なもの、コミュニケーション力（語学力だけでなく周りの人とうまくやっていく能力）や教養といったようなものが重視される。なぜなら、エアラインパイロットの生態系の最上位に位置するそういう大手キャリアのパイロットには、お客を乗せて飛ぶというサービス精神や、ＣＡ、地上職員、本社の管理職員や整備士の方々などと、常時うまく、そして必要な内容はきちんとコミュニケートしてやっていくという総合的な能力が必要とされるから。単に「飛び屋」ではいけない。

なので、そういうところは、これまで大学の卒業が必須の条件だったし、今でもそういう一般教養や社会経験がある操縦士のほうを選ぶ傾向にある。現在、日本の大学で操縦士学科を設けているところは数えるほどしかないが、パイロット不足２０３０年問題を前提に、新設の操縦士学科が多くの大学で検討されている。だから、現在では数は少ないが、操縦士の訓練の過程、シラバスが、そのまま大学や高等学校の卒業のために必要な単位として認められる傾向にある。何学部？　現在ではほとんどの大学では、理工学部の操縦士学科というのが多い。確かに、操縦士試験のうち、航空工学、気象、航空無線通信、操縦技能などは、理科系の学科だろう。しかし、文科系の大学を卒業した身からすると、操縦士試験の中で学ぶ自己管理や航空法規、飛行ルールなどは、十分文科系の学科という性格があると思う。近い将来、文科系の社会学部操縦士学科なんてできることを期待したい。

　このように、一般の大学や高校で操縦士の試験の一部でも取り入れることで、より多くの人がパイロットという資格に挑戦してくれる環境が整うと思う。法学部なら、航空法という独立した学科があってもいい。飛ぶだけの航空法ではなくて、社会学の一つとして考えていいはずだ。飛行機の世界は、実際に飛んだり教えたりしていると矛盾や整備されていないことが多い、というかほとんど未整備な分野ということを感じる。そういうところを専門の学問として研究する流れがほしい。そうでないと、いつまでたっても産業としての航空産業を体系的、効率的に育てる素地が社会にできないのではないかと心配をしている。

　例えば医師になりたいという気持ちを小さい時に持つのは、生物の授業が中学高校で好きだから医療系や医薬品の研究者を考えるとか、物理の実験が好きだから研究者として物理学をやってみたいとか、そういう流れはあると思う。現在の中等教育でパイロットを想起させる学科は、英語くらいか？　物理や数学の波動理論とか、流体力学？　うーん、中学では意識しませんよね。気象や天気についての知識なんかの授業で、雲には低い雲や高い雲があるなんて教えてくれて、その違いを実感できるような飛行機からの映像なんかを流してくれれば、少しは身近に感じてくれるかなと思う。

　フツーの中学や高校を卒業しても、また大学に入り卒業までの間にごく自然にパイロットへの入り口が整備される時代。それが、ゆっくりではあるが、やってきていると思う。

6. 日本で学びたい外国人パイロット候補生

日本国内で、例えば300万円で操縦士資格が取れるとしましょう。日本円が1ドル90円だったら、3万4000ドル。しかし、115円なら2万6000ドル。為替で1万ドルくらいの差はいくらでも出る。逆に2万6000ドルというのは、90円時代は円でいうと250万円くらいだから、一般的な海外ライセンス取得の相場になる。しかし、115円になったら300万円で、日本で取るのとそうは変わらない。

で、教育の質や、その後の就職率の高さを考えれば、同じくらいの値段なら日本で取ったほうが格段にいい。ならば、国内訓練の時代がすぐそこまでやってきていると言っていいでしょう。さっきも述べたと思いますが、そうなってきたら中国人の観光客と同じ。高嶺の花と思って憧れだけで諦めていた日本の訓練がちょっと頑張れば手に入るとしたら、たぶん日本を選ぶ。その結果、日本語も流暢になって教養も身につけば、JALやANA、そこまでは無理でも近距離航空など、その系列の航空会社に就職することが可能になる。そうなれば、たぶん中国人なら故郷に毎年一軒家を一戸ずつ建てられる。インドネシアやフィリピンの地方出身者なら、たぶん3親等くらいの親戚一同に家を買ってやって、自分の給料で養うか、レストランとか、ビジネスをやってもらうくらいの援助ができる。それであれば、多少無理をしてでも、パイロット命という意気込みで日本に来ると思う。

それだけでない、シンガポールや中東の裕福な家族の子弟でどこかに留学ということなら、操縦士学科を目指す人も増えてくる。なぜなら、他の資格はすぐに帰国して使うことができないから。そういう柔軟性がある。実際、中国や台湾では固定翼の飛行機を個人で練習する場所が少ないので、日本で訓練する場所を探してほしいという話があちこちから来ている。東南アジアの他の国でも訓練はできるが、日本でやる意義は先の就職を考えた時、まだまだメリットが大きいというのがその理由。逆に、日本のスクールで中国語の対応ができていないので、なかなか話が進まないのが現状だ。

どこかの大学の中国語学科なんかで、操縦士コースもしくは学内のフライトクラブを作ることが可能であれば、それはきっとすぐにでも海を渡って来る人は多くいるだろう。中国でもシンガポールでもあるんですよ、飛行機学校は。しかし、それらはみんなシミュレータを使ったもの。最近はどの航空会社もシミュレータの訓練を中心にやっている。シミュレータはご存じですよね。コンピュータ画像を見ながら操縦の訓練を行う装置です。検索エンジンでシミュレータと入力すれば、無料のコンテンツの中から自宅のコンピュータで練習することも可能な時代。学校にあるそういう機械との違いは、精度の問題だけ。そして、実機に近い操縦装置の設備。例えば、操縦桿や各種スイッチがそれぞれ実機に近い位置に取り付けてある。なので、その精度さえ確かなものであれば、十分に操縦訓練に使える。

ただし、こうした機械による訓練で賄える範囲は限られている。自家用操縦免許PPLは、最低40時間の飛行訓練が義務付けられている。そのすべてを、当然だがシミュレータで行うことはできない。何時間ならできるか？　5時間です。5時間以内なら実機で訓練しなくても、シミュレータの訓練で賄うことが可能。だがしかし、実際にPPLの段階でシミュレータを使って訓練しても、たぶん全く意味がない。やはり最初は実機での感覚、そういうのを知る必要があるから。この5時間の訓練というのも、計器飛行方式による飛行がPPLでも試験されるので、そのためのものということ。計器飛行なら外を見ることがないので、かえってシミュレータのほうがいい。

そこで、各航空会社や海外の学校では、シミュレータを使った訓練をするところであっても、さすがに最初の自家用免許は実機訓練で飛んでからということになる。PPLを持ったパイロットがその上位の免許である計器飛行証明などを取るために、そこから100時間とか機械の操縦訓練をするというのがほとんど。だからこそ実機訓練をする場所がどうしても必要なのだが、その訓練場所として、もし為替の影響やら何やらで東南アジアのどの国で受けても同じくらいのコストしかかからない、そういう時代がやってくれれば、間違いなく日本の操縦訓練を受けたいと思う外国人のパイロット候補生は多い。日本各地の地方空港で、ジャパンメイドのきちんと整備され体系的にクオリティが維持された飛行訓練を行うことができれば、海外からそうした快適な住環境で操縦教習を受けたいという訓練生は後を絶たないだろう。訓練生の定住は、外国人の観光客が増加する以上の地方創生効果がある。

7．ICAO、パイロットは世界共通のライセンス（192か国）

国際民間航空機関（インターナショナル・シビル・アビエーション・オーガナイゼーション）。ICAOと呼ばれる。この連盟に加盟している国の操縦士ライセンスは共通で使える。ICAOに現在（2018年）加盟しているのは192か国。国連加盟国は193。その中に北朝鮮も入ってるでしょうから、事実上、私たち民間でパイロットとして空を飛ぶ場合には、世界中どこでも行けると言える。

当然と言えば当然ですが、国際線も多く行き来する中でいちいち国ごとにパイロットライセンスを取らなくてはいけないようでは、ここまで航空機輸送網は発展しなかったでしょう。日本のライセンスで海外でも飛べるんです。国際線の定期便も小さな自家用機も、国境を越える場合の手続きは同じです。相手国の外務省、航空局、税関、そして空港それぞれに飛行計画を提出し、大体1週間前には予定を立てる必要があります。そして、それぞれに搭乗者や機長の通知をして、確認を得れば可能。定期便はこの作業を毎回、個別にするわけではなく、包括的に許可を受けたり確認を取っているので言わば流れ作業ですが、個人の自家用機の場合はいちいちいろんなところに書類を提出しなくてはなりません。

世界にはハンドリング会社のネットワークがあって、そういう場合の手続きをパイロットに代わって相手国との調整をしてくれる民間のサービス会社があります。そこにコンタクトして作業を進めるのが一般的です。何度も同じ国境を越えるパイロットなら、自分で全部やってしまうことが稀にあります。

例えばアメリカマイアミからバハマ、国を越えるとはいっても飛行時間は15分程度ですから、軽いフライトです。バハマに別荘を持って毎週末自分で飛んでいくという人も数人いるようで、そういう人は自宅からメールでバハマへの入国許可を求める作業をします。何度もやっていれば、たぶん日付を変えただけの飛行計画を提出して、同じ添付ファイルを付けて送るだけということで簡単な作業です。日本から台湾や韓国に向けて飛ぶのも、さして難しいことではありません。

そうそう、一度、対馬空港に行ったことがあります。対馬と韓国は、もうすぐそこ。空港ランウェイ32を離陸すると、すぐに入り組んだ湾になっています。なんだったか忘れましたが、遺跡があったので、管制塔にお願いして左旋回、遺跡を眺めてから南に針路を取ると、右手、つまり西の方向に小さな島やその向こうに陸地が見えます。あれ、あんなとこに島があるなんてと思いながら近寄ろうかどうか考えて、いろいろ調べたら、それ、韓国の島だとわかり、ヒヤッとしたことがあります。対馬の西海岸と、その島とのちょうど中間に国境線はあるはずですから、あと5分も飛べば国境を越えてしまいます。対馬は、九州の海岸線よりも韓国の海岸線のほうが近いんですね。法律的な問題を考えなければ、国境を小型機で越えるのは、別に特別なことではないなという感想を持った一瞬でした。

一方で、たぶん空港近くの自衛隊基地なんかに設置されているレーダーで、こいつ、いったいどこへ向かうんだ？　国境方向に向かわないでね、頼むから変な方向へ行かないで、なんて思われながら、監視されてるんじゃないかと感じました。別に無線で呼び出されたりしたわけではありませんので、何事もなく九州方面に向かいましたが、この時はきっと韓国の防衛網のレーダーからも監視されていたと思います。

シーンとした機内で、あんまり西に寄ると国境を越えて、ひょっとしたら韓国の戦闘機にスクランブルされるんじゃないか？　なんて一人で考え、試験の時に習った戦闘機の合図の仕方を思い出そうといろいろ考えを巡らせたりしたものです。地上の国境であれば何らかの境界を示すものがありますが、空の上ではそういうのは全くない。気を抜けばあっという間に越えてしまいます。個人の飛行機でさえ、そうやって簡単に国境を越えられます。プロのパイロットなら、世界中に飛んでいくことは事前の準備がいるとはいえ、それほど難しいことではありません。

外国でパイロットライセンスを取った場合、国内にその免許を書き換えて飛ぶ必要がありますが、そのためには航空法規の筆記試験を合格するだけでいいんです。それも四択のマークシート。日本の空を自家用で飛びたいというアメリカ人のために調べたら、そういう日本の法規の試験が毎年2回ほど英語で行われているというのを知りました。なぜ、法規だけ試験するの？　それは、国によって法律だけはビミョーに違うからです。逆に言えば、その他の技能や技術知識は全世界共通、どこでも通用します。管制官とのやりとりも、どこへ行こうが英語でオーケー。アフリカでもフランスでもインドネシアでも。

だから、パイロットライセンスは世界共通。そして、飛行機で国境を越えるのも、小型機で十分できる。どうです？　エアタクシーで海外（台湾や韓国）旅行なんて時代がもうすぐそこに来ているとしたら、興味ありませんか？　そして、そういう世界共通のライセンスだからこそ、空の産業革命を日本国内でやってのけたら、それがそのまま海外のどの国へも輸出できる。

ＦＶを使った大衆交通手段としての空飛ぶ自動車、このシステムが完成すれば、ＦＶだけでなくて世界中にインフラごと、ＦＶの降りれるセルポートのシステムごと、輸出できます。国内の小さな市場で終わる話ではないんです。で、その世界に持って行けるＦＶのシステム。それを支えるセルポートはどんなものなんでしょうか？

第4章　セルポート

1. 空港は待っている

全国に空港は97あります。その他にも場外離着陸場といって、正式な空港ではないが離着陸できる場所はざっと30くらい。全部で120もの場所に離着陸できるのです。一方で、滑走路が3000メートル以上あって、大型のジェットやターボプロップの機体が離着陸できる空港は15くらいしかありません。

空港がたくさんある割には、3000メートル級が少ない。理由は建設コストにあります。800メートルくらいまでの小型機専用空港なら、自動車用の道路の丈夫なものを作ると思えばいいのですが、ジェットの降りれる滑走路ではそうはいきません。なぜって、アスファルトが薄いと着陸の衝撃で路面が割れて車輪が沈んでしまうから。

空港の情報を載せているパイロット専用の国土交通省のネットには、必ず各空港の滑走路表面の強度が記載されています。例えば、羽田は150MN／㎥（1億5000万ニュートンパー立方メートル）なのに対して、800メートルしかない離島空港の粟国は5700kg／0・28MPa（28センチ四方に5700キロ）を超えて乗ったら壊れます。大体、小型機は2トンから3トンですから、車輪の設置表面の大きさが30センチ四方なら、3倍くらいの余裕が粟国にはあります。ジェットはどのくらいかわかりませんが、例えば羽田に降りている787あたりが粟国に降りたら、たぶん滑走路が割れてヒビが入るでしょう。悪くしたら足を取られて飛行機が大破する。もうおわかりですよね。単純に長いものを作ればいいというわけではなくて、長いとそれだけ加速度的に強度が要求されます。そして、建設コストもそれに伴って高くなる。たぶん800メートルと2000メートルでは、最低20倍以上コストが違うはずです。

沖縄に伊是名村という離島の村があって、そこには村営の空港があります。といっても、正式には空港として登録もされていなければ、その設備もありません。単純に、アスファルトを敷いた滑走路のような道路があるだけです。この表面の強度はたぶん道路と同じ。なので、ジェットなんて降りれません。たぶん、ホンダジェットも無理。その点、小型機なら余裕です。2016年の夏から、この空港に私自身が降りてみましたが、村の皆さん曰く、この空港（正式には場外離着陸場）に飛行機が降りたのは約15年ぶりとのこと。めちゃくちゃ悲しかったです。せっかくこんなにいい滑走路があって便利なのに、みんな沖縄本島の港から1時間かけて船でやって来る。アー、なんということよ。せっかく飛行機の降りれる場所があるのに、飛行機が来ないなんて。来ないのには理由があります。こういう場外離着陸場に離着陸するには、事前に国土交通省の航空局の許可が要るからです。航空機は、許可なくして空港以外の場所に降りてはいけません。当たり前のことですが、この場外は村が勝手に作った空港というか空港として使える道路のようなものなので、それがちゃんと降りれる状態かどうか審査があるということです。それに、パイロットの技量、機体の規定、すべてのチェックができていないと降りれません。

私山下は、この場外に離着陸する許可を全部一人でやってみました。楽しかった。空港表面図など、所有者である伊是名村の全面的な協力もあって、無事に許可を取り、着陸しました。最初は怖かったですね。だって、設計通りのアスファルト面がちゃんと機能するかどうか不確かなんですから。例えば地下水が大量に流出したりして、アスファルト面のすぐ下がスカスカの張りぼて状態だったらどうしようとか。誰も障害物のチェックをしてくれていないわけですから、犬や猫が自分のエサの空き缶やらをこの滑走路面上に置いたまま立ち去っていたら、それを避けなくてはなりませんよね。ひびが入っていても同じ。もしもの時に備えて、さすがに最初は一人で操縦、何度も頭で最悪のことをイメージしながら、いつでもゴーアラウンドできる気持ちで着陸しました。
15年ぶりということで、いろいろとドタバタしましたが、それでもちゃんと飛行機は降りれるものです。私のユーチューブ（「パイロット、山下智之」で検索してください）にも

伊是名場外離着陸場。バスタオルを臨時の風向計に

載せていますが、着陸はとても短く、６００メートルも要らないんじゃないかと思いました。離陸の様子もありますが、かなり余裕です。こういうところに降りてみると、小型機っていいなーとつくづく思います。なにせ簡単な道路があれば離着陸できて、一旦飛べば時速３００キロ近くでどこへでも行けるし、渋滞もない。こんな便利な乗り物はないんじゃないかと思うくらいです（ま、かなり依怙贔屓が入ってますが）。本当に、沖縄のような離島の多い地域には絶対に必要な輸送手段だと思います。

この伊是名場外などに何度か離着陸して打ち合わせなどに来ていますと、いわゆる定期便で飛んでいる旅客機と小型機って本質的に違う乗り物だよなというのが感想です。小型機は小型機の良さがある。こんなに簡単にどこにでも

降りれて、旅客機と同じスピードは到底出ませんが、かといって全然かなわないわけではない。せいぜいスピードの差は倍くらい。2分の1程度の速さは小型機でも出ます。そして大型機よりずっと自由に飛べる。地上でも、バスがいけない裏道を軽自動車ならすいすい、時間的にはそんなに変わらないなんてこともあるでしょうが、それと同じ。最近は、旅客機もRNAVというGPSを利用した直線で目的地に行くようになりましたが、小型機はもともと有視界飛行で決められた空路を飛ぶ必要がないので、一番近い道を通れます。大型はそうはいきませんよね。だから、小型機には小型機のメリット、力があると思います。

空港がなければ、たぶん離島は離島のまま、例えば先の伊是名島、那覇まで船で1時間、車で2時間合計3時間かかります。でも、私は伊是名村を飛び立って20分で那覇空港に到着していました。30分もあれば空港近くのレストランやお店には行けるなーというのが感想。そうすれば、日帰りでちょっとお買い物ということもできる。村の人も、そういう生活には憧れというか強い希望がありました。

全国にそういう空港はめちゃくちゃあります。おおざっぱに言って、たぶん100くらい。私が降りてみて、空港を独占している状態で便利だなーと思ったところは、佐渡島の佐渡空港、沖縄の粟国空港、和歌山の南紀白浜空港、熊本の天草空港、それ以外にも、屋久島、対馬、沖ノ島、壱岐など、枚挙にいとまがありません。少し大きめですが、便数が少なくて自家用機だと便利というのは、大分空港、佐賀空港、富士山静岡空港、新島空港、大島空港などです。

こういう小さな離島空港や地方の閑散とした空港に、まずはエアタクシー網を作るといいのではないでしょうか？　たぶん、需要は多い。地方のシーンとした空港に1日に1回か2回くらいは小型機のエアタクシーがやってくる。そんな情景を想像するのは難しくないでしょう。

それができれば、屋久島の帰りに大分空港から別府に寄って、ついでに南紀白浜にも寄って大阪に帰るということができます。屋久島のトロトロの湯、別府の硬くて力のある湯、最後に塩気たっぷりの海の温泉白浜の湯、これらを一気に回ることができました。実際やってみて楽しかった。毎日違う種類の温泉を堪能して、ずっと自然の静かな中での旅という感じ。これがエアタクシーで実現できたら、やってみたい人はたくさんいるはずです。

そして、できれば湯布院にセルポートがほしい。大分空港から湯布院までバスがあるとはいえ1時間以上、空港に着いてからこれではなかなか遠いなという感じ。なぜって、1時間余計に飛ぶ気があれば大阪や神戸まで帰れてしまうから。もし阿蘇山の山の上、湯布院の村にセルポートがあってFVでスイスイ飛べれば、大分からたぶん5分か10分。600メートルの滑走路が出来るのであれば、明日にでも私パイロット山下が降りてみせます。そしたら大分なんか寄らなくていいのに。

エアタクシーがあれば、壱岐や粟国島、種子島、屋久島は、鹿児島、福岡に1時間から2時間で行けます。それも、行きたい時に呼べばいい。定期便のように1日に2往復だけなんてこともない。そうすれば、離島は高級住宅街、身近なリゾートに早変わりする。

さっきの伊是名場外離着陸場は15年ぶりでした。数多くの地方の空港は、小型機の到着を静かに待っていてくれるのです。

2. 飛行30分以内、半径40キロのセルで全国を覆う

最近、新しいLCCで経営的に調子がいいのは、フジドリームエアラインズだそうです。このホームページを見てみると、札幌〜静岡、花巻〜名古屋、山形〜名古屋、新潟〜名古屋、松本〜札幌、鹿児島〜静岡、そんな路線がめちゃくちゃ並んでいます。どうです？　大手の航空会社で手の出ない少数旅客の輸送で、地域のなくてはならない路線になっているのがわかりますよね。これ、エアタクシーやFVの産業革命をやったら成功するという一つの先駆け的証明ではないかと思うんです。

今、実際に飛んでいる小型機が利用できる空港およそ100か所を、まずはエアタクシーで結ぶ。4人乗りから7〜8人乗り。それで4時間か5時間、長ければ7時間飛べる機体はもうすでに使われています。機体の航続距離よりも、狭い小型機の機内で5時間も座っているというのは、人のほうがまいってしまいます。5時間飛べば、沖縄から新潟くらいまで行ける。だから、せいぜい2時間くらい、関西からだと、奄美、佐賀、島根、新潟、東京、大島、そんな円を描いたエリアが2時間くらいのフライトで行ける。エアタクシーの実用としては、この距離で十分ではないかと思う。その円の中には、20くらいの空港は今でも降りれる場所としてある。

で、問題は、これらの空港からの距離。着陸してからの利便性。関空や伊丹、神戸空港が近接してある関西エリアでも、自宅や職場から空港まで30分はかかるというケースがほとんどだと思う。奈良や京都など近隣の県からだと、空港に来るのに2時間ということもザラ。日本で一番市街地に近いと言われているのは、福岡空港。地下鉄で15分で福岡の中心部に来れる。セルポートは、日本全国すべての地域で、この福岡同様の空港まで15分以内を目指す。

空港までの距離、これがこれから大事だと思います。例えば、神戸に飛行機を置いて自宅から空港まで30分で行ければかなり便利です。思い立った時に、白浜温泉でも、高知への出張でも、岡山、広島でもすぐに行ける。これを日本全国、どこのエリアに住んでいても、小さなセルポートまで15分の距離にあるなら、地上走行の自動車よりＦＶのほうが売れると思う。神戸に住んで和歌山の大学に通う場合は1時間半かかるが、自宅と大学の両方ともセルポートから15分で、飛行時間は10分くらいだとしたら、40分で大学に着ける。10時の講義に出るのに家を9時に出れば間に合うというのは、夢のようです。

もう一つ、皆さんも経験あると思いますが、どうしても10時に行かなくてはならない場合、地上走行の自動車なら1時間半かかるとして、渋滞の可能性を考えて2時間前に出発すると思う。そしたら8時に家を出る？　朝の1時間の差は大きいでしょう。それがＦＶではありません。

人口の密集地は無理だけれども、少し郊外に出て工場や一戸建ての住宅が立ち並ぶエリア、大きなショッピングセンターが出来ているような地域に必ず一つ空港を作ろうということです。ただし、その空港は長さ３００メートル程度の小規模なもの。この小規模空港をセルポートと言います。セルは細胞という意味で、ちょうど携帯の基地局と同じ。この小さなセルポートがカバーする半径40キロのエリアで、全国を埋め尽くすようにセルポートを作る。そうすると、そこを利用するＦＶが飛行距離１００キロ前後で縦横無尽に飛び回れる。

このセルポートは、今現存の小型機が降りられる１００程度の空港の隙間を埋めるという感じ。例えば、京都の福知山市。近隣に空港もなければ、新幹線の駅がある京都まで1時間もかかる。高速道路はあるが、それでも伊丹空港まで2時間半。勢いこの不便さから人口は減少し、高齢化の波をもろに受けている。一番近い空港は但馬空港だが、伊丹空港から定期便が1日に2便飛んでいるものの、万年赤字。兵庫県の補助金でもっている。こういうところにこそ、300メートルのセルポートを作りましょう。たった300。ショッピングセンターの片隅やゴルフ場の一画ですぐにできる。そして、そこを飛んで降りられる軽自動車のようなFVを地域の人が活用すればいい。

例えば自宅からセルポートまで15分で地上走行し、その後、空を飛んで但馬空港に10分。エアタクシーに来てもらって神戸に出れば、30分。合計1時間で神戸の三宮に買い物に行ける。また、神戸の埋め立て地ポートアイランドにセルポートを作れば、直接、福知山のセルから神戸まで飛んで行ける。飛行時間は20分。その後、そのFVを自動車にして買い物をし、夕方には福知山に帰ることができる。高速道路で2時間かけて買い物に来なくてはならない今より、ずっと福知山が都会になる。神戸や大阪にだって通勤できる。大阪の万博（記念）公園、そこにセルポートを作れば、どんな田舎からでも関西圏内がすべて通勤可能エリアになる。福知山に住んで吹田に働きに出ることや、吹田や高槻の人が福知山に介護の仕事に出向くことだってできる。地域の距離感が変われば、過疎という言葉、限界集落という言葉もなくなる。

東京圏で話をしましょう。東京の神宮外苑にセルポートを作りましょう。夢の島マリーナのすぐ近く、隅田川の河口の空き地にも作れるでしょう。都心のそういうセルポートを使えば、茨城の自宅から30分で通勤できる。伊豆の伊東や下田からも毎日通勤できる。30分で行けるから、レストランや買い物も都心の地代の高いエリアのお店より、ずっとおいしくて安い店に行ける。夕方行って夜帰って来れる。伊豆の下田に行きつけの寿司屋ができる人だっているでしょう。都心の青山に住んでいても下田に30分で行けるなら、週1で寿司屋に行けるようになるのだから、都心と郊外の飲食店が競争することになるでしょう。

下田まで行かなくても、立川や横浜金沢区なんて、都心の仲間入りするのではないでしょうか？　新幹線の駅がある場所だけでなくて、遠く三浦半島なんかにも高級住宅街や、ひょっとすると海の見えるショッピングセンターが出来るかもしれない。

埼玉県の東松山市なんかの河川敷に８００メートルの滑走路を作れば、都心の青山からFVで20分、そこから普通の小型機に乗り換えて、佐渡島へ1時間半。そういうことも可能になる。

セルポート同士、飛行時間20分程度で、首都圏から周辺の関東圏は全部が都心となり、1時間あれば余裕でドアツードアで移動できるようになる。セルポートは近所のバス停のような、どこにでもある設備になっていくでしょう。

3. 村にこそセルポート

平成30年現在で、全国に町は743、村は183、市は792、計1718の自治体があります。セルポートは町に2個、村に1個、市には5個くらいは欲しい。なので、全部で5000個くらいあってもいいいと思う。私有地に300メートルの道路を作ればいいいし、村や町が持っている土地に作ってもいい。

先の伊是名村などが600メートルの滑走路を作るのに要した予算は、1億円くらい。竹下政権の地方創生予算1億円で作ったそうです。300メートルのセルポートなら、たぶん3000万円くらいで出来る。どんな村でも、少し調整すれば捻出できない金額ではないはず。300メートルのエアポートを運用するには、大手自動車メーカーによってFVを開発し量産する必要があるし、普及させるためには各地にセルポートが要る。最初はディズニーやUSJ、沖縄の美ら海水族館なんかがいいだろう。ディズニーなら都心の神宮外苑に専用のセルポートを作って、そこからFVで10分で遊園地に行けるVIPチケットを販売するとか、USJなら神戸の六甲アイランドや八尾空港などからFVを飛ばして行く（神戸からなら5分かかりません）とか、沖縄なら那覇空港か隣の慶良間空港からFVで美ら海水族館に飛ぶ、あるいは宜野湾のコンベンションセンター道路脇に300メートルのセルポートを作って飛ぶ（たぶん15分）、そういうチケットを売り出して、ちょっと高いけど、VIP感満載のアトラクション風にやってくれれば利用は進むだろう。

FVの実験をお金をかけずにやるとしたら、まずはそういうテーマパークなどの地域での実験がいいと思う。そうそう、佐世保のハウステンボスなんか最高でしょう、その実験には。長崎空港からFVでハウステンボスなら5分でしょう。バスで30分も長いですからね。で、そういう人の多い場所だけでなく、人に来てほしい場所にもセルポートはおすすめです。簡単に出来て、最初に導入などということになれば、話題になり人も集まる。人口増加も狙える。どこかの自治体が手を挙げてくれないかなーと思います。

実は今、多くの自治体が空港の活用や空港建設の計画を検討している。今さらまた儲からない空港？　いやいや、これまで同様、定期便が飛行機という考えでは絶対にうまくいきません。もう一度言います。定期便と小型機は全く別の乗り物です。飛ぶ空域も違うし、利用方法も違えば経済性も全く違う。

小型機はタクシーに近い。ウーバーなどを使って住民がタクシーを利用するように、過疎の人口減少地域だからこそ必要な交通手段なんです。そして、エアタクシーをエアタクシーで終わらせない方法がいくつもあります。テーマパークのアトラクション、島の物産の輸送、

スカイカー。数十種のタイプが開発中（Terrafugia, California）

エアタクシーで実現しながら、将来のFV実用実験を行う、それなら手を挙げる自治体やテーマパークは多いと思います。

600メートルの空港、まずはそれを持っている自治体に十分活用していただきましょう。縦横に、その地方空港を行き来するエアタクシー。定期便が来ない空港？　いいではありませんか。あんな大きな何十人も乗れる飛行機、そんなのが来なくてもいい。小さな小型機で呼べばすぐに来てくれる。そして、行きたいところはこちらで指定する。そんな手軽な空の旅をいろいろなところで利用できる。22世紀の交通手段はそういうところから始まるのでしょう。

そして、そんな22世紀型の交通インフラは、社会の構造を根底から変える力があります。まずは、日本の直面する高齢化社会がエアタクシーでどう変わるのか、その未来図を予測してみましょう。

4．FVで通う介護士さん、看護師さん、お医者さん

お医者さんだって、国民皆保険があるとはいえ、患者さんのいる場所でないと開業できません。今の医療サービスは、そういう人口減少地域に対する平等な医療サービスをどこまで提供できるかで、のた打ち回っているのがわかります。

例えば訪問医療。設備の要る高度医療は大学病院や大手の医療法人に頼って、地域住民のための訪問医療をもう一度復活させようとする動きもあります。しかし、それだって中都市、首都圏の近隣で人口密度がそれなりにある場所では可能性はあるけれど、村の人口が300人なんて場所ではそういう訪問医療そのものが成り立ちません。そのため高齢者医療はほったらかし、老人が四苦八苦して遠くの総合病院に通わなくてはならない現実があります。ネットで診察？　どこまでカバーできるか疑問です。訪問する側だって患者さんがいる場所に行ってあげたいのはやまやまですが、片道1時間かけて1人の患者さんのために訪問するのは不可能でしょう。ほら、ここに移動の時間軸が問題だという現実がありますよね。

厚労省は移動診療のための航空機整備事業を考えています。一方で、離島の多い沖縄県なども、地方行政機関として離島医療の将来を巡回診療制度に求めている節がある。しかし、その巡回医療は未だ船もしくは定期航空便に頼っていて、とても週1回とかかゆいところに

手の届く医療にはなっていません。むしろ、巡回医療で診れる患者さんはどちらかというと健康な方、ほら、よくマッサージや針灸などはまだ健康な人が受けれるサービスですよね。そういうのが巡回医療では多い。重篤で起き上がれない患者は月1回の巡回ではとても間に合わないから、少しの障害でも大手の総合病院に入院させようとしてしまう。でも、総合病院の病床も余裕があるわけではなく、常識的には離島にいるより入院をしたほうがいいと思えるような患者さんでも、巡回医療を待つことになって手遅れになることもあるという。

そうすると、どういうことになるかというと、救急医療の激増という事態になります。救急の必要な状況になれば救急車の出動、離島の場合はドクターヘリや航空機輸送による搬送となります。でも、ドクターヘリのパイロットの方などにいろいろ話を聞いてみると、事故や災害で一刻を争うような場合以外にも、ドクターヘリ出動の必要性を疑うような患者さんの輸送がよくあると言います。要は、月1回程度の巡回医療と、救急搬送が必要な重篤の患者さんとの中間の症状の場合、適正な医療サービスを受けられる方法がすっぽり抜け落ちているというのです。

そういうのこそ、エアタクシーではないでしょうか？　ヘリの輸送コストは小型機の比ではなくべらぼうに高いという話は前にしました。そういうヘリをいちいち呼んでいては高齢者の負担が続きませんが、経済性の高い固定翼のエアタクシーならそれも可能になります。

お医者さんにタクシーで来てもらうということはないですから、エアタクシーも同じです。患者さんが見てほしい時にタクシーを呼んで、いつでも病院に行けばいい。その交通費の大半を村や町の補助金にすれば、住民も安心してそこに住み続けられると思う。実際、沖縄では、離島間輸送の緊急性が認められる場合は、村の補助金で半額負担してもらえる制度があります。残念ながらヘリによる輸送しかないので、半額の補助があったとしても、例えば粟国~那覇間の15分程度の輸送だと満額で15万円、半額でやっと7万円程度になります。だから、粟国村民は4~5人の住人が共同で1機のヘリを呼んで、みんなでその負担を分け合っています。そうすると、一人頭1万4千円程度で利用可能というわけです。

もし、これが飛行機であれば、15分ならそもそも2万円も払ってもらえば十分ペイしますので、その半額の補助なら1万円、ですから1人で乗っても1万円で那覇まで15分で行ける。4人で相乗りすれば2500円、フェリーでもこんな価格ほど安くはないですから、これなら毎週病院に行ける。住み慣れた島にいながら、必要があれば余裕で通院できる環境、そうなれば高齢者の生活ももっと安心になります。

そうそう、ここで粟国空港にせっかく就航した第一航空の定期便が、補助金が少なくて2018年4月からまたまた運航停止になったという悲劇についてお話ししましょう。少ない補助金ていくらよ？　なんと年間3億円以上！！　それだけあれば小型機による輸送は黒字が出て儲かってしようがないです。で、どうして、そういう経済性が確保できる粟国の離島間輸送ができないのか、いろんな人に聞いてみてわかったことがあります。問題は那覇空港なんです。

那覇空港の何が問題？　那覇は大型ジェットの空港なんです。その中で、もしも経済性がいいということで小型機の粟国便を作ったら、今現在ある定期便の発着枠を15便くらい減らさないといけないんです。なぜ？？？　ジェット機が高速道路を走る自動車とするなら、小型機は自転車くらいのスピードしか出ません。そのために、自転車が空港（道路）を使う（つまり離着陸する）間、速度の速い自動車（つまり一般の定期便）を止めなくてはならない。なので、今回も第一航空が就航させたのは、ターボプロップ（ほら出てきました、ジェット機だけどプロペラで飛ぶやつ）を就航させた（それは、他の早い定期便のスピードに合わせるようにそういう早いジェットでないと那覇に定期便として就航できないからです）のですが、それは那覇空港の都合で選んだ機体であり、粟国村の経済性やユーザー側の都合で選んだ機体ではないので、全くペイしないで補助金が少ないなどと言ってやめになる。こんなアホな話で離島間輸送がうまくいかないのです。

もう一度言います。小型機輸送は大型の定期便と全く違う乗り物です。なので、もし名護市などに小型機専用の空港を作れば、それが小型機による離島間輸送のメッカになり、中心になること請け合いです。で、沖縄北部に作る小型機専用空港、そこで操縦訓練もすればいい。ちょうど大阪八尾空港のように、パンパンの運用で空港を作る経費なんかすぐに回収できると思いますよ。なんなら、その小型機空港の脇に病院やショッピングセンター、自家用機の格納できる車庫付きの別荘なんか作ったらいい。で、そういうところでＦＶの実験や体験フライトをやったらいいいと思います。

そして、ＦＶが普及して自動車からいつでも飛行機に替えて飛ぶことができるなら、お医者さんの訪問医療の範囲がそういう小型機専用空港から今度は離島にまで広がります。病院を出てＦＶで離島まで30分なら、現在の10キロ圏内の住宅街を訪問回診するのと同じ労力で島も見れます。また、訪問看護や訪問介護のカバーエリアもぐっと広がるから、都市部に集中する看護、介護センターも、そのカバー範囲を過疎地、離島にまで広げることができます。利益を生む密度の高い都市部を見ながら、同時に過疎や離島もカバーできるなら、それをしないセンターはないでしょう。医療といえども、経済性が重要です。

また、看護師さんや介護士さんが自分でＦＶを買い、それを使って広い範囲をカバーするということも実現できるでしょう。自宅の車庫にＦＶを置き、仕事のある日は介護、看護センターのネットによる指示で、人口密集地の都市部だけでなく周辺の離島や過疎地へひとっ飛びすれば、１日に何か所かのエリアをカバーすることができます。きっと、介護士さんや看護師さんの不足という事態もかなり緩和するでしょう。

カバーするエリアを各人に配分するというよりは、地理的な分業の配分はＦＶによる時間短縮でかなり問題が解消されるので、この人は何曜日の午前か午後かというように時間の配分で人の配置が決まるという現象が起こります。そうすると、子育て中の看護師さんや介護士さんも、決められた時間のみＦＶを使って周辺を回ることになり、その時間の保育施設さえ見つけられれば多くの方が医療関係の仕事に戻ってくるでしょう。今のようにエリアを決めてしまったら、いつ呼び出されるかわからないというような状況で、とても子供を抱えながらの再就業は無理です。ＦＶを活用することによって、地理的条件でなく時間的条件で働くことができれば、そんな明るい未来も描けるのです。

医療にかかわる過疎や人口比率の問題は小型機によるタクシー制度で少し解消し、ＦＶの本格普及によって、それが逆にＦＶ産業の存在意義となり、むしろ過疎というのではなく、住居の分散という形で生活を変えていくでしょう。医療関係者の働き方を変え、高齢の患者さんの総合病院受診の経済性を変え、働き盛りの若い世代が今過疎と呼ばれているような自然豊かな環境の中に広い住居空間を構え生活することも増えていくと考えられます。ＦＶで通勤通学できることで高齢の家族と余裕を持って暮らすことを、日本の22世紀の生活として考えてはいけないでしょうか？

そうすれば、おじいさんやおばあさんに子供を見てもらうことだってできるかもしれない。ネットとＦＶを上手に利用して、みんなが余裕ある生活を満喫する。おいしい空気を吸い、新鮮な食材を味わい、きれいな夕日を眺め、毎日リゾート気分で人間的な生活を楽しみながらバリバリ働けるという社会。それが、小型機輸送やＦＶによってもたらされるのです。エアタクシーやＦＶは、医療だけでなく、生活そのものを変えていく力を持っています。

5. ＦＶで行く買い物、食事

私が小型機に興味を持ち始めたのは、小学生の頃。自家用のセスナ「カーディナル」を持った人の話を、何かで読んだからでした。最初は船の免許を持っていたそのオーナーも、飛行機に目覚め、今は夫婦で新潟まで飛んで新鮮な魚介類を買ってくることができるというのが自慢でした。自家用機があれば透明なイカをいつでも自宅で食べられるというのです。イカは、とれたて新鮮なうちは透明なんだそうですが、いくら新鮮とはいっても半日もすれば白く色付いてしまう。朝、思い立って昼までに新潟の漁港に買いに行けば、その日の夕方の食卓に乗せられるというのです。確か、本当に透明なイカの刺身（イカそうめんみたいな）の写真も載せられていて、新鮮というより硬さがありそうなその食べ物を食べてみたいと、小学生なりに思ったことを覚えています。

皆さんも、日本海側とか、漁港の近くとか、旅行した時にはたぶんいつも、そういう新鮮な刺身を食べたことがあるでしょう。あの硬いしっかりとした透明なイカ、あるいは歯ごたえのある白身のタイやブリの刺身。ちょっと甘みのあるたまり醤油に少し付けて食べれば、旅の疲れも吹っ飛ぶような感動が広がります。大人になってから温泉宿でそういう味を覚え、小学生の時に読んだ話がよみがえってきたんです。自家用機があれば、こういうのを毎日でも自宅に買って帰れるんだと。

この話に火をつけたのは、訓練飛行で八尾から南紀白浜に飛んだ時に同乗していた教官が「ここのハチミツ漬け梅干し、うまいんだよなー」って空港の売店で、白浜の南紀梅干しを買っていたのを見た時でした。その教官、行くたびにいつも買っているようで、お店のおばさんもよく知っている感じで、「先生には安くしとくよ、生徒さんもどうですか」なんて言われて、もちろん買って帰ったということがありました。それで、あの透明なイカを思い出したんです。

どうですか？　都市部のスーパーでいくら「産地直送」とか「新鮮」とか書いてあっても、透明なイカはないですよね。臭みのない刺身にありつけるのはほんとに限られています。白浜の梅干しくらいなら探せばあるとは思いますが、食はその産地でのとれたてがうまい。エイジングも、ほんとの収穫時からコントロールされた状態で出されるものがうまい。輸送によって時間が経過したり温度の影響を受けてしまった魚や肉には、新鮮な旨味がありませんよね。赤身の漬けだって、新鮮なマグロからやったのと、ふにゃふにゃな赤身でやったのでは味の勢いが違う。ま、食がとれたてで手に入れれば、味の問題だけではなく防腐剤が使われる必要もないし安全性が高いという利点もある。それが自分で手に入れられるなら、この教官のようにチャンスは逃さないですよね。

で、もしFVやエアタクシーが普及すれば、そういうのが自由にできる。南紀白浜のぴちぴちはねたエビなんかも、身が透明なまま、あのほんのりとした甘みを歯ごたえのある身から堪能できるはずです。今日はFVやエアタクシーで「ちょっと買い物に行こうか」という贅沢が庶民のものになる。その前に、ひょっとしたら昔の行商人よろしくFVやエアタクシーで上物を買ってきては夕方までに売るという、何か大昔の魚屋さんみたいな商売が復活するかもしれません。そのおじさんのやってる道端（セルポートの横）のお店にFVやエアタクシーで買ってきた透明なイカや歯ごたえのある魚がたっぷりあるということになれば、商売として面白い。ネットでその日の朝午前7時までに注文すれば、FVやエアタクシーで買ってきて夕方にはドローンで宅配してくれるなんていう未来の「御用聞き」もありでしょうね。

で、買い物がそういう具合になれば、レストランだって上物を用意しなくてはならない。大量消費の申し子みたいな防腐剤たっぷりの安いファストフードとは違った客を呼ぶために、《ＦＶやエアタクシーで仕入れた新鮮な食材を提供してます》というような看板が出たりして。食はもっと昔の、近くにいくらでも新鮮な食材があった時代に戻るはずです。なぜなら、流通が20世紀型の一旦センターに集めてから各地に散らばらせるというシステムから進化するから。加工食品の意味合いがガラッと変わるでしょう。ＦＶとエアタクシーは日本の食卓を変えます。

そして、食の志向が本来の自然で健康的な方向に向かっている現在、加速度的にレストランなどの外食産業も変わる。その芽は、いたるところにありますよね。有機食材とか健康志向、地産地消など。それらが、エアタクシーやＦＶによってバラエティー豊かに提供されるでしょう。で、口が肥えればおいしいものを食べに行きたくなるもの。郊外の、そして過疎地にあるレストランも繁盛するでしょう。どうしてかって？　なぜならエアタクシーやＦＶでひとっ飛びで食べに行けるから。今ならＪＲに乗って、あるいは車で２時間ドライブして食べに行くところを、ＦＶやエアタクシーなら15分も飛べば、東京都心から例えば伊豆まで行けるんですよ。伊豆の伊東のレストランなんか、都心のレストランと同じ距離になる。は

ドローン型スカイカー。重量の問題で小型タクシー以外無理
（Airbus, France）

やるでしょう、そうすれば。値段も安いままなら、ＦＶやエアタクシー使っても気にならない。そういう時代がこれからの20年で到来します。

エアタクシーやＦＶの利用が進み日常生活の足となれば、それが使える空港の周辺はもっともっと経済活動が進みます。そうなれば不動産市場も変わる。次章では、空の産業革命がもたらす不動産市場の変革について述べていきましょう。

第5章　不動産開発

1. スカイレジデンス計画

地方の空港の活性化策についてどんな方法があるか、時々聞かれたりもします。定期便の来ない空港、郊外の田舎道にぽつんとお店を構えたような状態の閑散とした空港が、今の日本にはたくさんあります。そういうところをどのように活性化していったらいいかというのを、自治体や地域の方々と一緒に考える。そういう場合、まずご相談に来られる空港のある自治体はほとんどの場合、「観光」と「訓練校の誘致」という二つの考えをお持ちです。

当然、長年熟慮して自分たちでも空港の活用策を考えてこられた中での話ですから、地元観光協会との共同作業は当然かなり深く考えておられるわけです。また、飛行学校など訓練に使うという手は、宮崎だとか熊本、八尾、福島などの空港で成功例があり、どうにかそのような学校に来てもらえないかという願望はわかります。そして、前にも触れましたが、地方のほうが訓練空域が近いなど、操縦の訓練に向いているのも確かです。

しかし学校の側から見れば、自分たちの現在の校舎から遠い空港でなぜ訓練しなくてはならないのかという問題があります。なので、ある空港が訓練空港として成功するには、その空港に特化して訓練を請け負う会社、事業体、そういうものを用意する必要があります。で、現在では空港の企画担当者が操縦士訓練を行っている大学や専門学校を訪問して、自分たちの空港を使ってほしいという売込みが多いのですが、結局うまくいってません。なぜなら、学校側としてそこに行く必要がないからです。

もう少し説明しましょう。例えば沖縄の離島空港を売り込みたい場合、その空港の施設管理者である村などが、学校の担当者に会いに行くようなことをしても、たぶん丁寧に話を聞いて終わるだけ。実際に空港に行ってみて、計画の実現性を考えるところまではまず行かない。それは、学校が実機を使った訓練を知らないからです。訓練校なのに訓練を知らない？　そうなんです。ほとんどの学校は事業者に丸投げで、自分たちで機体を持って実際に訓練しているのは、私の知る限り1校しかありません。で、その1校の操縦士学科の授業料の高いこと高いこと。プロパイロットを目指すのに3000万円から4000万円のお金が必要です。それだけあれば自分で飛行機を買ったほうが安い。どうして高くなるの？　理由は、また別の機会に譲ります。でも、そのくらい、学校が自分で直接訓練を手掛けるのは大変なことだというのをわかっていただければ、その学校にいくら空港の担当者が出向いて、うちで訓練をしてくれと言っても前には進まないことが理解してもらえると思います。多くの学校は訓練の現実を知らない。実際に自分でお金をかけて訓練をしている学校は動きようがない、ということです。

一方の観光による活用、活性化。これらを手掛けてきた空港担当者の方々は、例外なく疲労感が充満しています。要は、いろいろ努力をし観光客の飛行機輸送に結び付くことや思いつくことはすべてやったが、年間の利用客はそんなには増えない。結果、やっぱりこんな田舎に空港なんて本当は要らなかったのじゃないかと考えるようになるのです。

ちょっと待ってください。空港は遊園地の乗り物ではありません。観光のために作られたわけではないのです。それに、最初から訓練をするために作られたものでもありません。本来は、地元の方々の交通の足、利便性のために作られたものだということをお忘れではないでしょうか？　なぜ、そういう方向の活性化ができないか？　それは、航空機輸送が大型ジェットを前提に考えられているからです。最初の章で触れたように、利用客の少ない地方の空港ですら世界的に見たら一級の設備を持っています。空港そのものの保安設備や計器飛行進入のできる電波設備、それだけでなく定時の滑走路チェックなど、至れり尽くせりです。

大型のジェット旅客機を前提に空港を設置した以上、それらはどうしても必要な設備ですが、もし小型機による輸送を前提とした場合はほとんどが必要なくなります。極端な話、沖縄の伊是名場外離着陸場のように、何もなくっても小型機なら降りられる。管理者も保安設備も、電波設備なんてもともと発想自体がない。それでいいんです。コストなんかかけなくても。もっと言わせていただければ、ジェットを前提とした空港の設備や手順は、小型機にとっては逆に邪魔ですらある。

滑走路の路面チェックをする車が一定時間ごとに出動すれば、その時間は空港を使えないことになります。那覇でありましたよね、整備の黄色い車がまだ滑走路上にいるのに着陸進入してしまって、慌ててゴーアラウンドする事件が。定期便を前提にすると飛行機が来ないであろう時間帯が発生するので、その時間に路面チェックなどをすることになるのですが、自分の意思で勝手に空港にやって来て好きな時に自由に離着陸したい小型機にとっては、そんな路面チェックをしている時にぶつかると上空や地上のエプロンで待たされることになり、使い勝手のいいものではありません。せいぜい降りる前に事務の人がざっと見てオーケーって言っていただければ、それでいいんです。

また、大型ジェットなどが計器飛行で進入してくる時はそちらが優先されるので、自由の利く小型機は待たされることになる。例えば那覇空港は定期便の利用が多く、今や羽田並みの離着陸があります。そうなると、小型機は上空でずっと着陸するタイミングを待たなくてはならない。だから那覇に到着する時には、そういうことも考えて30分や1時間くらいの燃料の余裕は持ってこないといけなくなる。ローフュールということになれば緊急着陸に近い迷惑をかけることになるからです。小型機は滑走路の口でぐるぐる回って、定期便の隙間を見計らって進入できるタイミングを待って着陸します。

何人かでやる縄跳びを想像してもらうと、わかりやすいと思います。すでに2～３人が輪の中で飛んでいる中に横から新しく入ろうとすると、縄の回転のタイミングやら中で飛んでいる人の位置を見定めながら何回かはやり過ごし、その後でエイヤッて入らないと入れませんよね。それとおんなじ。やっと中に入ることができても、管制塔から「ノーディレイ！！」とか言われて、素早く迅速に滑走路を明け渡して横のタクシーウェイに出なくてはなりません。こういう状況では、小型機による訓練なんて絶対にできません。

那覇の例は極端ですが、大型ジェットを前提に作られた空港では小型機輸送の経済性はなかなか発揮できない。さっきの章で述べた粟国離島間輸送が、大型ジェットを前提にした那覇に降りるためにターボプロップで就航し、そのために補助金が足りなくて中止なんてことも起こるわけです。

で、最終的に何が必要かというと、地方空港の活性化には、大型ジェットの着陸できる必要性をまず排除して考える必要があるということ。おらが村にＪＡＬやＡＮＡそれが無理でもその関連会社のジェット機、ターボプロップ機が毎日来てくれる、やっとうちの村も離島ではなく空港のある街になった、そんな願望をまずは捨ててください。小型機がふらふらと降りれる空港。それで十分ではないですか？　で、小型機パイロットから見れば、それが自由でいい空港なんです。

さっきの伊是名場外、いい空港でしたね。なにせ自由。それこそ、ふらっと自家用車でコンビニに買い物に行く感覚で離着陸できる。あー、すばらしい。この自由さと便利さは、自動車免許を取って初めていろんなところにドライブに出かけたようなそんな感じ。ま、それは自分しかそこを使う飛行機がいないとわかっているからで、これがアメリカの中都市の空港のように１時間に１機くらいは降りてくるということになれば、もう少しフライトサービスとか、そういうのが必要になるかもしれません。

フライトサービスというのは、正式の管制官ではないが管制官と同じようにその空港に離着陸する飛行機の順番や経路をさばくサービスのこと。航空機とのやりとりはちょっとだけ、言葉尻が違うだけでやっていることは同じ。例えば着陸。正式の管制だと「クリアーフォアランディング」だが、フライトサービスだと「ランウェイイズクリア」となる。前者が「着陸していいよ」という許可なのに対して、後者は「着陸できますよ。いつでもどうぞ」という情報の提供にとどまっているという違いだけ。実際の場面で聞いたパイロットは、どっちも同じように理解している。言い換えれば、ランウェイの状況さえ確認してもらえれば、後はこちらで判断して降りますよということ。小型機はそういう自由さがありがたい。で、空港はそんな自由な空港運営でいいと思う。その中で簡単に離着陸ができれば、小型機の利用は増えます。そして運営管理費も激減するでしょう。

小型機専用空港。そういう方向も空港の活性化の一つとしてあっていい。「冗談じゃない、小型機なんて」と言わないでください。関西にある八尾空港や神戸空港など小型機のメッカと言われる空港では、祝日ともなると何機もの機体が飛び交っています。で、なぜ関西に小型機が多いかというと、駐機できる場所があるから。関東では日本飛行連盟なる古い団体が大利根飛行場や三保飛行場を運営していますが、駐機できるのは限られている。調布はもう小型機の利用は無理と考えたほうがいい。すると、あとは本田航空が持っている桶川か竜ケ崎ということになり、都心から電車で2時間くらいはかかる。以前、ホンダエアの桶川に着陸したことがあるが、車で迎えに来てもらっても都心まで2時間半、関越自動車から川越インターでかなりな渋滞で3時間かかったこともある。

竜ケ崎は民間企業の持っている場外離着陸場で、茨城のゴルフ場に行くよりも遠い。やはり片道2時間はドライブでかかるし、まず自家用車でないと行くのもおっくうになるくらいの場所。だから、東京の首都圏で小型機を持ち、それを乗り回して遊ぶという発想が生まれない。どこか遠い世界の話になってしまう。
　ならば、別荘付きの飛行場を作りませんか？　例えば軽井沢。鬼押出し園の向こうに溶岩平原を埋め立てて小型機専用の空港を作り、その周りに飛行機も格納できるログハウスなんかいいんじゃないでしょうか？　軽井沢までは新幹線で週末に来て、最初のうちはその辺をふらふら飛ぶばかりでしょうが、そのうち新潟や佐渡島、遠くは能登半島の加賀温泉なんかに自家用機で行くこともできるようになる。そういう別荘ライフがあってもいい。

エアポートハウス。スカイカーは身近に置いておくもの
(sandpoint fly-in, Spokane)

　スカイレジデンス。海外では普通にあります。分譲価格3千万円くらいからある。それに自家用機を買っておいておけば、しょっちゅう行きたくなる。で、そこから他の観光都市へ飛ぶという贅沢な休日も現実のものです。そういう別荘地のスカイレジデンスなら、山中湖でも伊豆でも日光で

も、そして近くは千葉や神奈川でも可能でしょう。ゴルフ場を作る代わりにスカイレジデンスを作り開発する。小型機のメーカーとタイアップして、乗ってもらう飛行機も付けちゃいましょう、免許がない？　じゃあ、そのスカイレジデンスへ通ってもらって、オーナーにはまずその別荘に泊まって自家用機ライセンスを取ってもらいましょう。

レジャー感覚で飛行機免許にチャレンジです。どうです？　不動産開発業者ならやってみたいと思いませんか？　で、それするには行政も大賛成。空港関係者の地方職員の方が思い焦がれた観光と訓練その両方の利用が、スカイレジデンスで一挙に広がるのです。で、このスカイレジデンス、実はめちゃくちゃ安く開発できる方法があります。それは次にお話ししましょう。

2. 観光拠点、空港を使い倒す

全国に約90ある空港、実際によく使われているのは15程度です。残りの数十の空港は地方で、自治体がその運営に四苦八苦している。ちょっと自家用機で行くと「何しに来たんですか」って聞かれるほど。で、この空港、ほとんどが温泉とか観光に便利な地方や離島にあります。もうおわかりですよね。

先に述べたスカイレジデンスを安く作る方法は、単にその空港の周りの土地を開発すればいいんです。新潟佐渡の空港なんか、たぶん温泉が引けるでしょう。滑走路の周りに別荘を建てて分譲する。自家用機を置くスペースは忘れずに付けてください。海外では「エアポートホーム」とか「エアポートハウス」なんて呼ばれてます。

上：エアポートハウス。自宅に格納
下：エアポートハウス。空港脇の空き地を利用した開発が可能（上、下とも AirportProperty.net）

そして、その小規模の空港に都心の住宅から通う方法ですが、簡単です。そのエアポートハウスの管理人にパイロットを置けばいい。住居の管理だけでなくて、ついでに自家用機の管理も必要でしょうから、日常的に飛行機の知識に触れられます。そして、オーナーが来る時、どこかの空港にこのパイロットが飛んで迎えに行ったらいい。飛行機はレジデンス共有の１機で行ってもいいし、オーナーので迎えに行ってもいい。

どこまで迎えに行くか？　今すぐの話なら、関西では神戸空港や八尾空港など、伊丹と関西空港を除いたどこでも便利なところ。で、問題は東京。調布が使えない以上、すごく不便な桶川なんかに行くより、私は神戸にオーナーが定期便で飛んで来ればいいと思います。羽田から神戸。そして、迎えの自家用機に乗り換えて、例えば但馬空港とか佐渡島、南紀白浜空港の自分の温泉付き別荘に飛んで行く。そこで、週末土日の休暇を過ごして、また神戸から東京に帰る。金曜の夕方羽田を出て１時間で神戸へ。白浜や但馬へは飛んでる時間だけなら20分で自分の別荘です。しかも神戸での待ち時間はなし。新潟佐渡でも２時間で飛べる。神戸空港も最近民営化されましたし、まだまだ空港の周りに空き地がいっぱいある。芦屋にはボートのバース（桟橋）付き住宅が芦屋浜に分譲してるんですから、神戸空港の周りに自家用機の格納スペース付きの住宅を分譲したっていいんじゃないですか？

そんな別荘、免許なきゃ意味ないよ？　ならば、その別荘を拠点に飛行教官に来てもらって、毎週末訓練して免許を取ればいい。まず自分の飛行機を買って、それで試験を受けてパイロットライセンスを取るのは私自身が実証済みです。そのほうが快適で早いし、そして何より経済的（このことは拙著『プライベート・パイロット』で詳しく述べてあります）。

空を飛ぶ夢を持っている人は多いのですが、海外で免許取得ということになれば時間的に二の足を踏む。ましてや国内の訓練場所に通うなんておっくうでできないという忙しいビジネスマンだって、自分の別荘で免許を取得できるなら不動産ごと買いたくなるはず。住宅ローンだって可能でしょう。もしくは、ヨットのように何人かで共有してもいい。こういうエアポートハウスの実現は、やる気さえあればそんなに難しいことではありません。

こういう既存の空港のレジデンスが点々と増えれば、それを結ぶエアタクシーの普及も実現できる。それは、最初LCCや地方の航空会社がやるべきだと私は思います。若い機長の訓練も兼ねて飛ばせる。将来の定期便機長の予備軍を持つことは、LCC側にとってもメリットが大きい。空港管理会社も新しいビジネスになっていいと思います。

で、行った先のエアポートハウス、そこでは、その地方の観光協会とタイアップして、地元の選ばれたレストランのケータリングとか、いろんなことをやればいい。地元の伝統芸能の出張サービスなんかも。オーナーは自分の別荘にいながらにして温泉やおいしい料理、地元の踊りや音楽などを堪能して日曜の夜に東京へ余裕で戻ればいい。ゴルフなんてやりたい放題。

ね、空の産業革命は今日この時からすぐにでも始められます。そして、そういうエアポートレジデンスを全国の地方空港に作っていくのと同時に、今度は新しい小型機専用の空港を中心にした不動産開発が現実のものになってきます。

３．医療施設、ショッピングセンター専用空港

小型機専用空港なら６００メートルあればいい。幅はせいぜい25メートル。15メートルあれば十分降りれます。単純計算で２７００坪あればいい。

ショッピングセンターで１万坪とか２万坪の開発はざらにあるし、ゴルフ場なんか10万坪でしょう。既存の病院やショッピングモール、ゴルフ場、テーマパークに飛行場を作りましょう。飛行場というから抵抗があるのなら、６００メートルの直線道路と思ってください。それだけです。そしたら私がまず降りてみせましょう。というか、プロのパイロットなら喜んで降りたくなる。ま、その道路の脇にはあまり高い建物は建てられません。制限表面というやつです。

２０１８年のレッドブルで、浦安の臨時滑走路の脇30メートルのところに58メートルのホテルができたので、そこが使えないというような話も出ましたね。58メートルはだめでも45メートルならオーケーです。どうです？　高さの制限表面なんて、意外に緩いもんです。あ

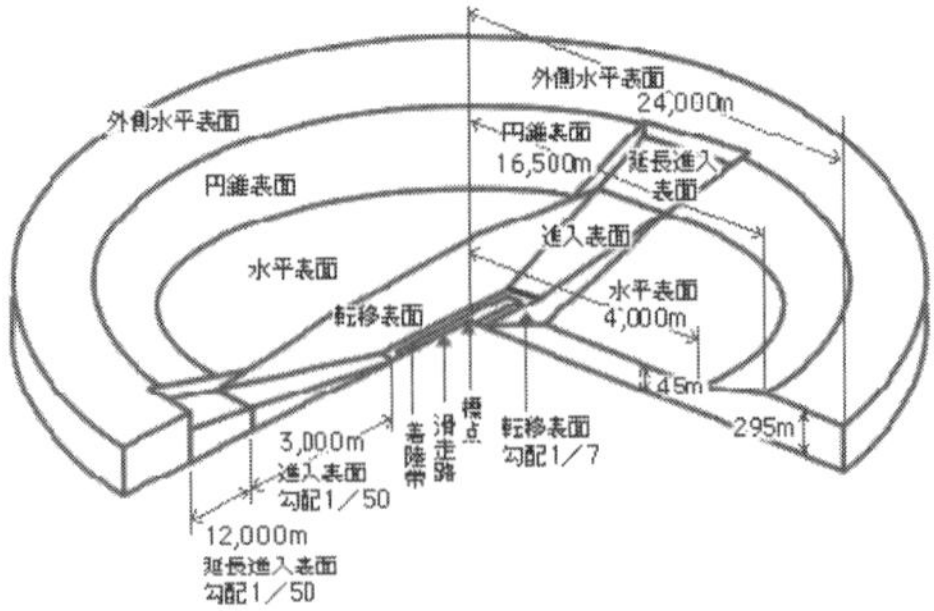

制限表面概略図

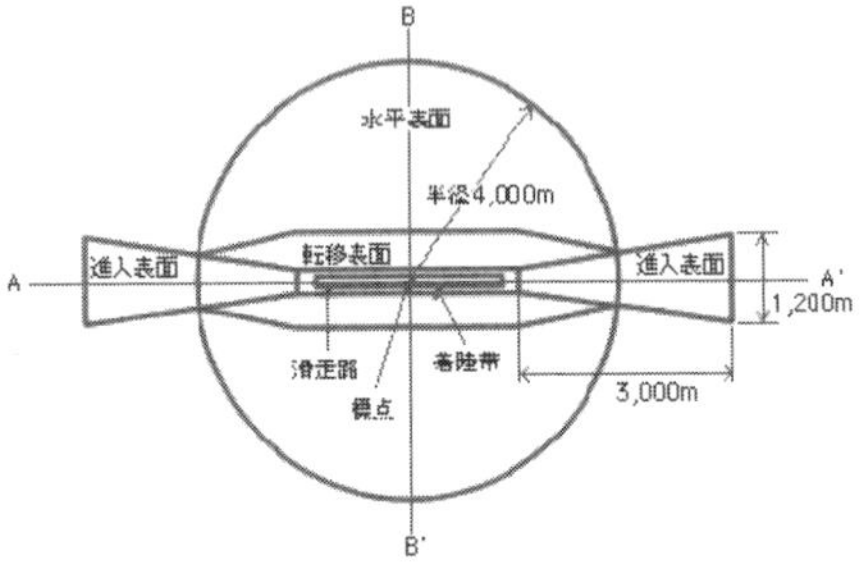

制限表面の平面概略図

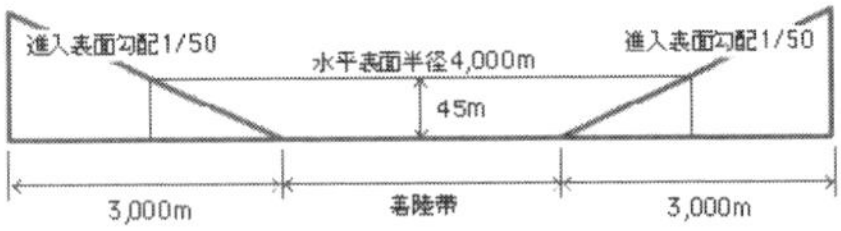

制限表面の断面概略図　断面A－A'

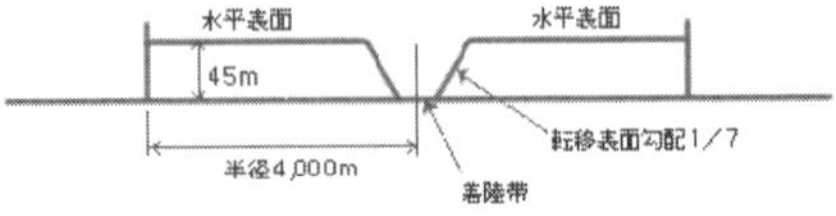

断面B－B'

空港周辺の制限表面（国土交通省のHPより）

とは、その飛行機の離着陸する真下の建物の制限ですね。それは、飛行機の上昇パスの約2度から3度を邪魔しないように規定されています。

不動産開発を考えている皆さん、これからの大規模開発では600メートルの直線道路を作ることをお忘れなく。で、そこに将来エアタクシーやら、自家用機やらを呼び寄せるためには、先述の制限表面のことを配慮するだけでいいんです。そうしたら場外離着陸場の完成です。メンテナンス？　飛行機の離着陸のたびに路面のチェックをするくらいで、ほとんど必要ありません。話題性も高いので地方のLCCと組んで開発し、最初から主要空港からのエアタクシーに来てもらったらどうでしょうか？　そしたら1日何往復もして、多くの買い物客、ゴルフプレーヤー、患者さん、テーマパークの来場者など、みんなそれを使ってやって来るでしょう。もう少し長く660メートル作れば、20人くらい乗れるピラタス（実はターボプロップ）も降りれます。これは海外では定期便の就航に使えるクラスなので、それを使ってエアタクシーにすれば十分ですよね。そしたら車やFVのアクセスとかも後からついてくるでしょうから、どーんと田舎にそういう新都市を作ればいい。

場外離着陸場というのは、空港と違ってずっと管制されているわけではないので、簡単な道路と同じです。逆に言えば、私有地に道路のようなものを作れば場外離着陸場の完成。

面倒なのは、そこに飛行機が降りる時、いちいち航空局の許可が要るということです。ですが、この許可、一旦降りてしまえば、同じ機体同じパイロットであれば自動継続の申請をしてずっと何度でも降りれます。私が沖縄伊是名村の場外離着陸場に降りた時も、最初は機体重量や性能、それに合った離着陸が可能かなど、また滑走路面のアスファルトの状況などの報告を求められましたが、一度降りてしまえば航空局も安心して、次からは継続申請の用紙を1か月に1枚出すだけで何度でも降りることができました。おかげで島を行ったり来たり、村人からは「那覇まで乗せてよー」って何度も言われました。

こうした経験から、不動産開発の時、こういう場外離着陸場の設置があれば遠くからでも人は来ると思ったのです。エアタクシーで行ったり来たり、LCCの新ビジネスとも相まって開発余地のある用地や場所は大きな広がりを見せるでしょう。そう、土地の安い山の中でも、別荘や病院、テーマパークは行けるのではないでしょうか？　ショッピングセンターとなると、もう少し普及が進んでからということになると思います。

4. 輸送コストと開発コスト

最初、こういう飛行場付きの不動産開発は空港周辺の別荘やなんかからスタートするでしょうが、将来は全国に広げたいものです。で、開発に必要な場所は、過疎地であるほうがやりやすい。既存住民の同意が得られやすいからです。

その上でエアタクシーを前提にしたＬＣＣなど、地方の航空会社だけでなく自動車メーカーの協力も得ましょう。どういう協力？　小型機、軽飛行機の開発と製造、売り込みの拠点です。小型機の市場は現在日本のメーカーはゼロ、全く手つかずと言っていい。しかし、技術的にはホンダやトヨタ、日産など、どの会社も小型軽飛行機の製造はたぶんすぐにできる。将来のＦＶ開発の一歩手前で、このような小型機をホンダ、日産、トヨタで作ってほしい。そうすれば、今の小型機の大きなネックである部品調達やメンテナンスコストの激減が望めると思います。

で、ぜひ開発の時には、実際に日本で小型飛行機に乗っているオーナーの意見を聞いてほしい。自動車でも、試乗したユーザーの声をもとに開発デザインはされるでしょう。それと同じように、当たり前のことをしてほしいだけです。そうすれば、日本の空に十分耐える、そしてブランドになった日本車と同じように細かな配慮のある、メンテのしやすい、何より信頼性の高いメイドインジャパンの小型機が出来るはずです。それを全国の地方空港のエアポートレジデンス付きで売ればいい。普及が進めば、場外離着陸場付きのマンションや会員制ホテル、病院やテーマパークの開発と同時に、そうした小型機を付けて売ればいい。飛行機は駐機場がないと売れませんから。そうすれば小型機で行ける場所も増えてくるでしょうし、ユーザの層も厚くなる。自動車が経験したような飛行機の大衆化が進むというわけです。

かつて田中角栄のやった「高速道路網で日本中を結ぶという国土開発」は今、成熟していると思います。それと同じことを空の交通網でやる。小型機の大衆化時代。日本が唯一、やってこなかったこの市場を創設する。その経済効果は計り知れないと思います。で、大衆化した小型機を世界で売ればいい。東南アジア、インド、アフリカ、中央アジア、売れるところはいくらでもある。日本車の販売ネットワークがそのまま使えるとしたら、その相乗効果は絶大だと思います。世界で競争力の高い日本車を作ってきたのだから、できます。やりましょう、世界で評価の高いジャパンメイドの小型機の売り込みを。

たぶん自動車メーカーの技術者や経営者なら、その可能性は想像するに難くないでしょう。飛行機を作る技術なんか大したことありません。たぶんすぐにでもできる。で、私の提案は、沖縄とかにそういう新しい飛行機や自動運転車なんかに試乗できるテーマパークを作りませんかというものです。

ところで、自動ブレーキが働いて壁の前で車が止まるというテレビコマーシャルを見たことがありますが、実際にやってみたいと思いませんか？　ほんとにどんな感じで自動ブレーキが効くのか？　将来導入が進む自動運転車なんかにも、実際に乗って試してみたいと思うのは私だけでしょうか？　自動運転？　どこまで自動？　そんなに自動で運転するほど遠くまで行くの？　いろんな疑問が湧いてきますよね。沖縄のテーマパークで自動運転車の試乗ができるというのであれば、行ってみたいと思う。テーマパークの中なら自動で動くのもなんとなくわかるような気がしますが、公道を走れる車がほんとに自動で街のようなテーマパーク内を移動する。そういうアトラクションを作るとなれば、メーカーとタイアップして開発は可能でしょう。同じように、そのテーマパークで日本のメーカーが製造した軽飛行機の体験飛行ができるなら、沖縄の空を新しい日本製の飛行機でゆっくりぐるりと回ってみる。やってみたいでしょう？

自動車は大量生産の前に万国博覧会でお目見えして、値段が下がって大衆化したと聞いています。日本製飛行機も、テーマパークなどに展示したり試乗してもらいながら大衆化させましょう。そしてそれを世界に売り込みましょう。日本製小型機の普及が進み始めたら、そう、いよいよＦＶの登場です。

第6章　ＦＶという新産業の創設

1. 自動車に代わる巨大産業の創生

空飛ぶ自動車は、もうたくさん出来ています。

アストンマーチン「ヴォランテ・ヴィジョン・コンセプト」、オープナー「BlackFly」、パルヴィインターナショナル「PAL-V Liberty」、ラッザリーニデザイン「ホバークーペ」、サムソン・モーターズ「The Switchblade」、飛行機変形タイプの AeroMobil 4.0、テレフギア「トランジション」、テレフギア「TF-X」、モラー「Ｍ４００スカイカー」、パラジェット「スカイカー」。

ざっと見てもこれだけある。もっともっとあります、調べれば。なんで日本の自動車メーカーがこれをしないのか不思議ですが、たぶん研究はし尽くされてるでしょう。その市場の動向を探り、リリースのタイミングを見ているとしか思えません。

ＦＶには飛行機型とヘリコプター型があります。

飛行機型には、平たい翼を水平にそのまま曲げて格納し細長いライトバンみたいな形で自動車として走るタイプ（Ｐ10の写真）と、折りたたんでもっと自動車に近い形にして地上を走るタイプがありますが、耐久性や効率性から言って部品の少ない水平にそのまま格納して

上：輸送用スカイシップ（15 人乗り）。価格は 8000 万円（Wigetworks, Singapore）
下：小型スカイシップ（２人乗り）。価格は 3000 万円（Icon, New York）

走るタイプがベストだと思います。

一方のヘリ型ですが、私はあまり普及しないと思っています。ヘリ型の一番のメリットは離着陸が垂直ということですが、それなら自動車のように地上を走る必要性が全くない。行きたい場所に四角いヘリポートを作っておけばいいのだから、小型ヘリで十分でしょう。オスプレイのように垂直離陸して固定翼で飛行機のように飛ぶのが進化の最終形でしょうが、ご存じのように技術がまだ大衆化するには至っていないため未成熟で危険です。操縦技術も高度なものが必要で、とても趣味で操縦できるものではない。ヘリ型のFVを作るなら、人間の乗れる大型のドローンでいい。そして、乗ってる人間が操縦しなくても行きたい場所に行ってくれるならなおいい。これはつまり、ドローンによる無人宅配の人間版ですね。これ、実は実用化している場所がある。ゴルフ場です。オーストラリアのゴルフ場で、移動の時にカートでなくバッグも人も乗せられるドローンがあって人気だそうです。乗り降りの場所は決められたコース上しか飛ばないので、事前のプログラムが可能、ちょうどレール式のカートに乗ってるような感じだそうです。これも、先ほど述べたテーマパークタイプの自動運転車試乗場所なんかで体験できるといいですね。そう、そのうちいろんな未来の乗り物が楽しめる「未来乗り物体験ランド」があってもいいと思います。

で、FVの話。ドローン型のFVはそれほどメリットがないので、飛行機型のFVこそ産業革命、社会経済革命につながると思います。ＦＶなら飛行場横の格納庫は必要なく、自宅の車庫で保管が可能。それが一番のメリットでしょう。そして、現在販売されているＦＶはおよそ４０００万円前後。こういうのをテーマパークに置いて、体験試乗や販売をしたらいい。エアポートハウスの分譲地にも１台（１機？）。３００メートルのセルポートを作って、いろいろなところに飛べる環境づくりは少しずつ整備していけばいい。

最初は既存の小型機、６００メートル程度の道路を整備できる施設を点々と作る。そのうちこのＦＶを少しずつ導入して、最初は趣味や体験ランドなどで遊びで乗ってもらいながら、普及のタイミングを見計らう。小型機の普及のネックは、６００メートルの滑走路でしょう。そして、その滑走路の脇にしか格納できないということ。だから最初は既存の地方空港を使うしかない。しかし普及が進めば、小型機ならすでに免許を持っている人が日本でも３００人はいる。それに免許は本気でやれば１年くらいで取得できるから、大型の商業施設や病院、別荘などでの普及を進める。最初はそこもエアタクシーを併用して開発、利用が進めば操縦訓練や個人の自家用機の使用を推進する。それで工程表は成り立ちます。

で、問題はＦＶ。ＦＶの場合、たぶん普及のネックは免許の大衆化にあると思う。３００メートル程度の滑走路なら個人でもすぐに作る人はいくらでもいるでしょうし、既存の商業施設やゴルフ場、遊園地、テーマパークなどもすぐにその程度なら作れてしまう。ですが、

ＦＶがちょこまかと全国を飛び回り、20万台、１００万台と売れていくには、それを操縦する免許を持った人をどのように増やすかがカギになるでしょう。

根本的には、先の飛行機の操縦免許の大衆化が必要だと思いますが、それはそれほど問題ではない。アメリカのように、近所のおばさんも持っているという制度は他の国では普及しているので、日本でもそれをやればいい。地方の空港の近くに住んでいる年輩の方々のうち10人くらいはフライトインストラクターになってるような社会。成人した記念にその近所のおじさん・おばさんに操縦を教えてもらってパイロットライセンスを取っておこうとか、そういうことが気軽にできるような環境を作ればいい。どうやって？　訓練の場所を増やすこと。それが一番でしょう。あと、もう一つ。爆発的に免許が普及し、ＦＶの数が増えるには、自動操縦装置の普及が必要だと思います。そう、自動車の自動運転装置のようなやつ。たぶんパイロット免許をお持ちの方は、「えっ、飛行機にはどの機体にも自動操縦装置付いてるじゃん。みんなしょっちゅう使ってるじゃん」て思うはず。

そう、すでにあるんです。というか、自動車なんかに比べてはるかに高度に進んだ自動操縦装置（オートパイロットといいます）が、すでにどんな機体にも付いていると言っていいです。小型機にも付いてます。離陸前に目的空港の記号をオートパイロットに入力しておいて、離陸後スイッチをポン、これでその空港の上空まで行ってくれます。小型機では、離着陸の進入までをオートパイロットがやってくれるシステムはそうはついていませんので、せいぜいこうして上空３００フィートくらいに上がってからということになりますし、着陸時には空港の周辺に行ってくれますが、きちんと滑走路に向かって降りる経路に行くにはやはり手動の操縦が必要です。で、ＦＶの普及には、ここのところの離陸、着陸の完全自動化も必要になると思うんです。車で言えば、自動運転は道路に出てから、車庫入れや車庫出しは手動でということが多いと思います。その車庫入れも自動で縦列駐車なんかやってくれるシステムがありますが、そこまで自動化する必要があるということです。

で、ジェットの免許をお持ちの方なら、「そんなのジェットには付いてるもんね」とおっしゃるでしょう。そう、ほとんどオートパイロットで離着陸してくれるシステムも、もう実は完成しています。ほんの少し着地直前にフレアする（ちょっと機首を上げて後輪からタッチダウンする操作）とか、離陸時に操縦桿を引いて空中に浮く（エアボーンと言います）瞬間を選んでやる操作などが要る程度で、あとは完全自動。そういう装置は技術的には完成していますが、問題はその設備。この離着陸までの自動操縦装置、空港から発信される電波をたどって侵入したり離陸したりするので、航空援助装置（そういう電波を出す機械など）の設備が必要。そして、そういう設備を頼って飛行機が離着陸する以上、メンテナンスもかなり必要という問題です。これでは、先に述べた小型機の場外離着陸場のように、道路だけ作ればいいです、簡単に降りれます、というわけにはいかない。

なので、もっと簡便な技術で、例えばＦＶ用の滑走路に特殊な塗料を塗って、それを画像で追いながら離着陸できる技術、そんなのができればありがたいですね。そうしたら、メンテナンスはすこぶる簡単、飛行機用のその認識カメラでざっと見て、塗料の具合を確認するだけでいいのです。これなら素人にもできる。

こうした技術、たぶんですが自動車の自動運転技術の延長線上にできるのではないか、そういう感じを強く持っています。そう、道路の画像を認識してその中を走行する技術はＦＶでも活用できるのではないでしょうか？　その技術の確立を待つ必要があるか？　私はＦＶの普及に最初からそうした完全自動操縦は必要ないとは思いますが、何かのきっかけで爆発的に普及するとしたら、それはきっと完全自動操縦技術の成熟でしょう。そう、最初は小型機の延長線上にあるＦＶのパイロット免許を持っていて離着陸もきちんと自分でできるオーナーが中心になって（エアタクシーのＦＶ版なら、プロのＦＶタクシーの普及などもあって）、自動車で3時間から4時間の距離を30分程度で結ぶ経路で活用されるでしょう。

そのうち完全自動操縦になれば、それを利用してもっともっと多くの人がＦＶに乗る。最終的には、自動車とＦＶ２台がほとんどの家の車庫に入っているという状況が生まれるでしょう。いや、ひょっとしたら超小型の電気自動車と内燃機関を持つＦＶだけが普及するかも。そしたら、ＦＶのセルポートはあなたの近所に３つや４つは存在することになるでしょう。

２．ＦＶ産業のすそ野・広がり

ＦＶのもたらす産業革命は、ほとんどの業種に及びます。ネットの普及が革命を起こしたように、ＦＶがリアル世界の革命をもたらします。

まずは生鮮食料品の流通。大型トラックで一旦流通センターに運んで、例えば築地の魚市場にいったん集約して消費者に流れるというルートがなくなる。ＦＶがあれば、地方都市や地域がそのままつながる。売れるところに直接物が向かう。スーパーに並ぶのは大手の工場を経由した加工食品もしくは海外からの輸入食品ばかりになり、鮮魚や野菜は近くの商店に安く新鮮なうちに並ぶ。ひょっとしたら街の商店街が復活し、シャッター街がＦＶで運ばれたこまやかで新鮮で特徴ある商品を扱うお店であふれかえる可能性も秘めている。ＦＶの輸送コストは自動車並みなので、個人の商店が買付に行き行商のように売ることもあるでしょう。あるいは、自宅にＦＶのある消費者は直接農家や漁村に買い物に行く。

ひょっとしたらスーパーは、お惣菜屋さんになってるかもしれませんね。一方の宅配業者は、大型ジェットのカーゴで運ぶルートから、小型機による地方空港、そしてFVによるおらが村のセルポート、そして最後はドローンによる自動配送で、一回も自動車で道路を通らないで空港やセルポートをホッピングして空のルートだけで個人の住宅まで宅配できるようになる。集荷センターもFVセルポートを活用して、そこへ個人が取りに行くのもそう難しくはない。そうしたら、たぶんエネルギーコストは格段に小さくなる。道路も渋滞が減少する、というかなくなる。そう、漫画で描かれた未来都市で、すべて空中を移動して家や町を行き来するあの未来がFVでずっと近づくのです。FV完全普及の後、地上を走るのはFVがセルポートに向かう時か、レジャーでクラシックカー（普通の地上しか走れない自動車）に乗る時だけになるかもしれません。

そういう社会のインフラを持った後は、実は今よりずっと強靭な国土になっている。水害や地震や台風で道路が寸断されても、その村にFVセルポートがあればすぐに日常は取り戻せます。おおよそ空港が災害で使えなくなったとしても24時間以内に復旧できるのが一般的ですが、セルポートなんか3時間あれば復旧できるでしょう。だめなら、道路だったところを封鎖して臨時のセルポートにすればいい。数時間後にはみんな助けに来てくれます。2018年夏に中国地方の大雨で道路が寸断され物流が滞ったとか、地上移動に頼った地方物流の弱点が、セルポート、空の産業革命で一挙に解消する。道路の幅を広げるとか、防波堤や堤防を巨大化し強靭にするとか、もうやめましょう。津波対策だって、要は高台に家を作ればいい。セルポートがあれば、低い土地の商店街にＦＶで買い物にも行ける。いちいち大きな道路を作らなくていいんです。このへんに古いインフラの発想に頼った国土強靭化計画の限界があるのは、おわかりいただけるのではないでしょうか？　自然に逆らって開発するのはやめましょう。スマートなＦＶ導入で、しなやかで強靭な社会インフラができるのであれば、それだけでも日本はＦＶを導入し、空の産業革命の先駆けになる理由があると思います。

災害対策としてのＦＶ、そして次はライフスタイルとしてのＦＶ。これは本書の序章で具体例を物語風に紹介したように、いろいろな人がＦＶで生きていける。仕事が広がる。人だけでなく、企業も変わるでしょう。

インターネットの普及で今や世界のどこにいてもネットで仕事ができるようになりましたが、実際、田舎に住んでお勧めする人はまだ少ない。やはり、顔を合わせたコミュニケーションは必要だということでしょう。で、ＦＶ。自宅と会社の両方にセルポートがあれば、会社の場所はどこになってもいい。現在の首都圏が、電車ではなく高速のＦＶの移動による範囲（たぶん軽井沢から伊豆まで）に広がる。八王子の本社に軽井沢や伊東から通勤もある。山の中からでもオーケー。ならば、別荘風のプール付きに住んでＦＶで通勤でしょう。

そうなると不動産市況も変わる。都心部の便利さは維持されるものの、見捨てられた地方の郊外や山の中、離島など、辺鄙な場所にも使い勝手が出てくる。居住の分散でしょう。もちろん、セルポート付きのいろいろな設備が開発の可能性を持ってくるのは何度も述べてきた通りです。

では、IT産業は？　もちろん恩恵があります。先述したように会社の場所を選ばなくてよくなるため、IT技術者の生活が変わるという以外に、FVのオートパイロット、監視システムで巨大な産業インフラがいるから、新しい巨大マーケットが出来る。これは、序章で述べた沖縄の物語を思い出してください。FVは自動で飛ぶことを前提にして多くの人に操縦しやすいシステムを導入しますが、その中の重要なシステムが移動ルートの選定です。

現在のパイロットが飛ぶ前にしなくてはならない気象の確認や通過するルートの決定という作業を、ITでやろうというわけです。気象の確認というのは、途中の空に嵐の雲（積乱雲）などがある場合にはそれを避けて飛ぶルートを決定する必要があるのです。雲の垂れ込めた視界の悪いところを飛ぶ場合、高度をどの程度取る必要があるか確定しなければなりません。山にぶつからないようにするためなどです。この曇りや雨で視界が悪い場合、普通の軽飛行機なら高度を十分に取って高く上がれるだけ上がって危険を避けるという方法がありますが、これでは、計器飛行（周りが真っ白で何も見えない状態でもレーダーに誘導してもらって飛ぶ方法）のライセンスが必要になります。飛行の法律上、ＦＶは有視界飛行を前提にしないと普及が見込めません。なぜなら、計器飛行のライセンスは少し難しいから。地上を見て飛べることが前提になるので、そうは高度を高く取れません。地上視認が可能なレベルで、おおよそ１５００フィートから２０００フィートくらいの上空を飛び交うというのが現実的でしょう。そうすれば、法律上は有視界飛行のライセンスしか持たない一般のパイロットにも飛行が可能になります。が、そのように１０００フィート上空程度では、地上ににょっきり電波塔が出てたりするとぶつかります。なので、そういう危険を避けるため、地上視認が可能なぎりぎりの高度まで上昇するか、逆に地上の障害物や山の高度を計算してぎりぎりまで低い高度を飛ぶか。この判断を機械が計算してくれないといけません。もちろんパイロットはそういう計算や計画の訓練を受けていますから自分でも作業できますが、気楽に飛べるＦＶでいちいちこの出発前の確認作業を手でやっていては気軽な移動手段ではなくなるので、それをＩＴに任せるということです。

で、この時、ＩＴならではの正確性と情報量の多さを利用して、地上の地図を記憶させたデータベースと現在のリアルタイムの気象情報（雲の発生度合いとか）のデータベースを両方いつも最新のものを使って、自動で最適なルートと高度を計算し、それをＦＶに伝えるということが必要になります。

で、ＦＶ側でもそれを受け取って、その通りに飛ぶオートパイロットを起動するわけですが、雲の状況は時々刻々と変化するので、そのフィードバックを受け取りながらコースの選定、必要があれば変更、最悪の場合は近くのセルポートに一旦着陸、もしくは離陸したところに戻るなどの判断を常時し続けるという必要があります。

それからもう一つ、ＦＶ同士のニアミスを防ぐ装置システムも必要です。これは個別に前方の飛行物体をレーダーなどで認識する現在のシステムをそのまま使用するという手があるものの、それではコストが高すぎる。なので、レーダー監視は1か所で集中して行って、そのレーダーでＦＶ同士のニアミスが起こりそうな場合、当該ＦＶに通知し、ルート変更をどちらか一方もしくは両方に行うというほうが安上がりです。機械で監視し自動的に修正プログラムを送信することも可能ですが、せっかくＦＶをレーダー監視するのならば、人間の眼もあったほうがいいでしょう（ここは将来ＡＩということも可能だと思いますが、データの蓄積という意味で最初は人間でしょう）。

現在でも、飛行機のフライトルートはインターネットで見ることができます。「フライトレーダー24」と検索してみてください。今現在、どの飛行機がどこを飛んでるかがわかります。

このシステムは、飛行機が必ず持っているトランスポンダーという電波発信装置を使います。空港の管制官のレーダーでどの機体かわかるように、飛行機は飛んでいる間ずっと固有の信号を流し続けています。だから、レーダーでこれは何便のどこへ向かう機体かなんてすぐにわかるわけです。このトランスポンダーから発信されるデータを世界中のボランティアが勝手に受信して、それをフライトレーダー24のセンターに送って自動的に画面に投影したものをネットで見ることができるというわけです。

どうです、こういう感じでＦＶの現在位置情報もすぐに把握できるのですから、ニアミスを避けたり、新しい気象状況に応じて進路の変更を指示したり、それらを行うレーダー監視システムなんか、お金の問題だけで技術的には完成されているのです。お金の問題と言いましたが、一番お金がかかるのがレーダー網を張り巡らすことです。大型の飛行機のように高い場所を飛ぶのであれば1個のレーダーで広い範囲をカバーできますが、ＦＶのように低い高度を飛ぶ物体を補足するには、山があったらその向こうにも1台必要で、狭い地域ごとにたくさんの情報収集ポイントを設置する必要があります。

で、ここにも新しい市場ですね。たぶん携帯の基地局ごとに何かトランスポンダーの受信装置を付ければいいでしょうし、全国のセルポートには必ず設置するとか。でもこれ、実は先のフライトレーダー24で見たように一個当たり大した金額ではないので、場所さえ確保できればいくらでも設置できるでしょう。それを集約する総合システムの開発は必要ですが、それは日本だけでなく世界で売れるシステムになるので十分元が取れるはず。これもシステムごと、日本の基幹輸出産業になる可能性を秘めています。

ＩＴがそういう需要を得られれば、エンターテインメント産業がどんな仕組みでこのＦＶを利用するか。それは誰にでも想像がつくのではないでしょうか？「未来乗り物体験ランド」を作りましょう。そこでは、既存の自動車の自動運転を体験したり、今のグライダーに毛が生えたようなウルトラライトプレーンに乗ってみたり、体に装着するだけで空中散歩できるフライスーツを試してみたり、小型の水陸両用車を自分で運転して水に入っていく体験もできるようにする。他には、大きなドローンに乗って場所を自動で移動する（自動宅配に人が乗るような）、飛行機と船の中間のマンタのようなスカイフィッシュに乗って対岸の離島に行ってみたり、個人型潜水艦に乗って水中散歩してみたり、ひっくり返ってもすぐに元に戻る半潜水型ボートに乗ってめちゃめちゃな運転をしてみたり……。

うーん、どれも国土交通省のお役人様が聞いたら、危険でトンでもないとか言って怒られそうですが、そんな乗り物ばかり集めてください。で、ジェットコースターのようなアトラクションでやってほしい。みんなたぶん楽しめると思う。自動運転車に乗ったり、ＣＭのように自動ブレーキで止まる体験ができる場所をスポンサー付きで提供すればいいんです。要は、常設の自動運転の試乗会場のようなもの。これをメーカーとタイアップして実際に乗ってみて、買ってくれる人にアピールすればいい。で、その片隅に置いてください。小型機とＦＶを。そうして、ＦＶに乗ってみて、楽しんで、操縦訓練もついでにできて（そう小型機と違って、３００メートルで訓練できるから手軽です）、そういう施設、訓練学校やメーカーなどのスポンサーを付けて作ってみましょう。世界から人が来ます。そう、ＦＶのもたらす空の産業革命は、一次産業の農業や漁業からエンターテインメントの三次産業まですべての産業に刺激的な変化をもたらすでしょう。

それを売りましょう。どんどん海外に。高齢化する日本の次の巨大輸出産業にして、日本の黒字体質を維持し、国家財政を救う。ポスト田中角栄の国土改造計画の総仕上げは、輸出です。

3．ドローン型か固定翼型か

空飛ぶクルマ、その未来図はヘリのようなドローン型なのか、飛行機型の固定翼なのか？

はっきり言いましょう、ドローン型は空飛ぶバイク、固定翼型が空飛ぶクルマです。

ドローン型？　ほとんど小型のヘリコプターと変わらない。で、ヘリコプターの最大の弱点は、揚力を自分の機械的エネルギーで確保しなくてはならないという点。なので、今の技術、プロペラを回転させて生じる空気の流れを力に変えるには、理論的に言って、フッーの飛行機の羽の面積分の回転翼を、同じく飛行機の進むスピード、270キロくらいで空気中を走らせないと固定翼と同じ揚力は出ません。だから、めちゃくちゃ大型のヘリはその回転するプロペラ長くて大きいですよね。回転するからその外側が一番早く空気を切る、中心に近いところは空気を切る速さが遅い、というか、中心は空気を切りません。あれだけ大きなプロペラを持たないと、重量級の荷物は運べない。よく、ヘリのプロペラの外側先端が地上に向かってぶらりと下がっているのを見ませんか？　プロペラが回転してやっと持ち上がってきてプロペラ全体が水平になるのに、回転始動し始めてから時間がかかるやつ。それだけ、機械的力として無理して回してるんです。

で、ドローン。私には　ヘリとドローンの違いがわかりません。ドローンに人が乗ったというけれど、そもそもドローンはヘリの技術で出来てるんじゃないの？　プロペラが頭の上に付いてるか、本体の横または下にかっこよく付いてるかの違いだけじゃないの？　といつも思っています。だから、ドローン型の空飛ぶクルマって、地上を車輪の力で自走しないから、結局ヘリの小型を低い位置で走らせているだけだと思う。このタイプの欠点は二つ。一つは重い荷物を運べないこと、もう一つは長距離を飛べないことです。

重量の制限は、ヘリは飛行機の比ではなく厳しい。そもそも重量オーバーなら1センチも飛ばない。今の、空気の密度差を利用した揚力発生装置（難しく言いましたが、要は飛行機の羽が空気中を速く移動することで発生する上向きの重力に逆らう力）で行くなら、一般の車庫に入るくらいの大きさのドローンとかヘリだったらきっと、２人乗りが最高に運べる限界でしょう。そのくらい、この古い揚力発生装置の技術は未成熟です。なので、新しい、例えば電子や粒子を発生させて浮く、つまり全く新しい原理の揚力発生装置ができない限り、まだ重量物を乗せて運べる今の私たちの感覚でいう車までの進化は難しい。

そして、その揚力発生装置が古い技術なもんだから、結果、燃料効率が悪く、遠くへ飛べない。たぶん10分か15分が限界。機械的に15分が限界なら、飛行計画としては４分の３、つまり10分程度までの距離しか実際の移動距離は出ないはず。ぎりぎりで飛んでも相手先のセルポートで何かあったらどこか別の場所を探さなくてはいけないとか、ずっと向かい風のために燃料が２倍かかるなんてザラにありますから、私なら10分の飛行も怖くてしないと思う。５分が快適安全な飛行。そしたら、せいぜい隣町や近所のショッピングセンターに行くのが限界なので、東京から伊豆や下田なんて１人乗りじゃなきゃ無理。で、そしたら使用勝手といい経済性といい、今ある小型のヘリコプターとどこが違うのということになる。が、その近所を車で15分の距離を２分か３分で快適にちょっとお買い物というような、今でいう原付バイクとかスクーターとかの代わりには確かに向いてると思う。でもね、そのために産業革命が起こるほどの代物ではないですよね。

つまり、空飛ぶクルマの最初の進化はやっぱり固定翼型から始まると思う。その補完的な移動手段としてドローン型、小型ヘリが普及するという感じ。で、ドローン型はたぶん高度1000フィート以下でないと怖いと思う。乗せてる物の重量を引っ張るぎりぎりの揚力性能だと、日本海や山の上の厳しい風の中は難しい。なので、道路のような場所のちょっと上、ひょっとしたら500フィート（約150メートル）くらいから1000フィート（300メートル）上空を飛ぶことになると思う。ちょうど50階建て高層マンションの頭の上くらい。そして、固定翼のFVはその上、1000フィート以上から3000フィートくらいまでを飛ぶ。これ、ちょうど今の小型機の自由に飛べる飛行高度と同じレベルです。それ以上になると、500フィートごとにジェットとプロペラ機、そして奇数は東向き、偶数は西向きというように空域の高度が決められている。だから、3000フィートより低い空域だとFVや小型ヘリが自由に空間移動してFVの高度として一番心地良いし、今のパイロットも感覚として皆さん理解できると思う。

他にドローン型が1000フィート以上飛んでほしくないなと思う理由として、垂直移動の時の安全確認の難しさというのがあります。上下の移動、上や下に物や飛行物体がなく安全に上下移動できるか、その確認、もちろん機械的にコンピュータでもできるでしょうが、やはり目視による確認も義務付けないと危険。

でもね、この垂直方向の確認、めちゃくちゃ難しい。というか、一般の人には無理だと思う。飛行機で衝突を防止するのに、パイロットは自分の飛んでいるその移動先の方向を見つめます。飛行機の上下移動角は、フツーに操縦してる時は3度くらい、激しく上下する時は6度とかありますが、それ以上の上下移動はもう緊急操作、私が固定翼のパイロットだからそう思うのかもしれませんが、自分の真上や真下なんか、ヘリの操縦席からでもそうは確認できないのではないかと思う。できますよ、真上や真下は、ちらっと見れば。でも、そこに向かってる飛行機やヘリって、自分の真後ろの見えない死角から迫っている可能性がありますよね。

思い出してください、自動車の高速走行中の車線変更を。バックミラーにも死角があるので、必ず首をひねって見なさいって習うじゃないですか。あれと同じ。車線変更の真横は空いていても、たまたまそこに右後方から猛スピードで迫ってくる車は見えにくいし、両方に迷いがなかったらぶつかるのは確実ですよね。空中で上下という広い空間に、他の機体が真後ろの死角から迫っていたらどうします？　この危険はもちろん管制サービスや機械の警報などで回避できるとしても、もしも通信機が壊れたら？　管制を受けられず、しかも自動運転や衝突回避システムが故障したら？　そして、もっと怖いのは故障に気が付かなかったら？

　で、固定翼の上下運動くらいの緩やかな上下移動は、私たちが日常でみんな経験してます。エスカレーター、自動車の坂道、これらは前方のどのへんを見れば上昇するのに安全かが感覚的にわかる。一方、垂直移動はエレベーターでも真上や真下見えないですよね。そういう移動を日常の視覚で経験することが少ない分、人間は慣れていないんです。そしたら、ついつい、その危険を無視して垂直に離陸する。ほら、この時たまたまあなたがFVで、その空域に後ろから別の飛行体が突っ込んできたら衝突は免れないですよね。二人とも危険を予知してないわけですから。なので、小型ヘリやドローン型の空飛ぶバイクが垂直に上昇できる空域は低く設定しましょう。そうすれば、経験のない若者でも原付乗るみたいに気軽に空飛ぶバイクで楽しめます。

　以上のようなことから、空飛ぶクルマにはやはり固定翼が合っていると思う。ドローン型は空飛ぶバイク。新しい揚力発生装置が発明されたら、ドローン型がFVになるという日も来るでしょうが、それはまだ50年先のような気がします。普段は自動車で地上を走り、飛ぶ時はセルポートから気軽に空中に、そして30分くらいは軽く飛んで遠くまで行ける。ジャパンメイドのFVを想像するのは、もう難しくないでしょう。

そしてこの空中移動は、人間の進化の過程としてＤＮＡに組み込まれていると思う。自動車が生活の足になったことから、次は空中という人類進化の運命は決められているように思います。そう、インターネットが知識の共有化、頭脳の交信を人間の進化の過程で体現しているからこそ、これだけ爆発的に普及したのです。ＦＶによる空中移動の進化がネットと同じように進むとしたら、ＦＶ産業は巨大な新産業になる。それができるのは、緻密な技術力のある国だけでしょう。ジャパンメイドのＦＶがまずは国内の生活を変え、その変化の実証をもって海外の市場に挑戦しようじゃありませんか。

4．新しい輸出産業の誕生

このＦＶ、たぶん海外ですごい勢いで売れます。それもインフラ、システムごと。売れる場所？　アメリカとか土地の広い国より、ヨーロッパとかインド北部とか、そういうところで売れるのではないかと思う。なぜなら垂直移動の効率がいいから。山の上と下の家を行ったり来たりするのにとてもいいからです。日光のいろは坂、車で行けば30分くらいかかるのではないでしょうか？　くねくね曲がったヘアピンカーブを対向車を気にしながら進む。なんと効率の悪いことか。で、ＦＶならたぶん５分もかからないでしょう。上下の距離も平面の距離も、ほぼ同じ速度で移動できる。だから、これまでの小型機のように平面の距離がたくさんある必要はないんですね。高度の差を埋める乗り物として、まずは日本国内の地方を飛び回る。その技術で世界の未開地にＦＶを売りまくりましょう。売れ始めたら年間１００万台も夢ではないはず。自動車に代わる巨大な輸出産業の創設です。

で、既存の自動車メーカーならどこも持っている販売店ネットワーク、この本当に未開の市場の店が生かせる。北米の競争の激しいマーケットで、ＦＶはそれほど売れないでしょう。もっといい小型機とかジェットが売れる。たぶん、だからそういう市場では電気自動車とか完全自動運転車で勝負して、競争を勝ち抜くしかない。しかし、ＦＶの市場は辺境の地にこそあるんですね。そして、経済的に発展している地域の周辺部、たぶんそういうところで売れる。ムンバイやパリの真ん中では売れないけれど、郊外のマディヤ・プラデーシュ州やランス、なんかで売れる。山を登るのが大変だった地域の人が、まずＦＶに飛びつく。そして、ＦＶを利用したエアタクシーやら設備インフラも出来上がってくるでしょう。

今の地上しか走らない自動車は、道路の整備がされている地域でしか売れない。辺境のヒマラヤなんかでは、古くて安くなった自動車がぽつぽつ売れる程度。しかし、ＦＶに道路のようなインフラは要りません。価格も安く、空港設備も要らない。巨大な社会インフラが要らないから、辺境の地のお金持ちがまず買ってくれるでしょう。自分の別荘や牧場や工場に行ったり来たりするのに、小型機なら６００メートルのきちんとした空港が必要だけれど、そこまで広くなくてもいいし、しかも今ある自分の家の車庫に大事にしまっておけるなら買わない手はないでしょう。

そう、そうやって貿易摩擦なんかないところで、どんどん売れる。１台売れたら、それを使ったエアタクシーも提案しましょう。ＦＶタクシーが出来たら、それで行ける町のショッピングセンターを作ってもらいましょう。ひょっとしたら日本人向け、先進国の人向けに操縦訓練する学校も作ってもらって、１００万円くらいの格安料金で操縦免許が取れるような仕組みを提案してみましょう。そうしたら地元にも人が来るし、経済が広がりを見せる。そしたら、もっとFVを売りましょう。

大昔は、万国博覧会なんてまどろっこしい人の集まりでしかお披露目できなかった自動車ですが、ＦＶはネットでどんどん宣伝し、辺境の地のお金持ちに売れる。彼らにとって３００メートルの道路なんか、いくつでも作れるから、どんどん作ってもらって、社会インフラ投資でも儲けてもらいましょう。そう、そうやって新しいトヨタ、日産、スズキなどが動けば、日本の経済発展を支える新たな産業の誕生です。

現在の古い小型機市場は、海外の企業に牛耳られています。日本の企業がそこにいるというのを、小型機パイロットの私は感じたことがない。なので、既存の小型機と同じスペックの４人乗りや６人乗りを日本の自動車メーカーが作り新規参入したら、それだけで市場が広がる。アメリカやヨーロッパでは、24時間で個人が飛行機を組み立てて飛行するという競技大会のようなものがあります。そして、そういう組み立てキットを販売している会社もある。技術的には完全な成熟段階にあります。ですから、今さらそんな古い技術の小型機産業に参入しても新鮮味も何もない、かえって恥ずかしいという技術者の方もいるでしょう。が、これは、その次に製造するＦＶの前哨戦。サンプリングマーケットでしかない。

既存スペックの小型機を完成された機体で安くジャパンメイド品質で提供できたら、たぶん少しは売れると思う。そして爆発的な販売はないにしても、世界中の販売ネットワークを通じて売ることが飛行機の販売について学ぶいい機会になる。空港関係者とのネットワークや技術的な発想も販売者には必要だし、各国の航空法の違いなども組織として学習できるでしょう。そうしておいて、空のマーケットを組織として知る。その上でＦＶの開発と普及という世界の空の産業革命に挑むのです。

第７章　ポスト角栄「日本列島改造論」

１．空の産業革命（自動車が出来た時、高速道路はなかった）

空の産業革命、ＦＶの普及には、昔来た道である自動車普及の過程が参考になります。セルポートや空港が身近になくても、ＦＶは売れます。思い出してください、自動車の大衆化の過程で道路は最初から出来ていたわけではありません。箱根の山を自動車で越えるのに、オーバーヒートを起こしながらなんて時代もありました。くねくね舗装されていない道を向かうのですから、当時の自動車の運転者にとって山越えは冒険の一つだったかもしれません。私も子供の頃、六甲の山を越えて丹後の田舎に向かうのに毎年オーバーヒートを心配しながら、そしてブレーキが焼けるからエンジンブレーキを使えとか、ポンピングブレーキとか、いろいろ父が苦労していたのを記憶していますが、今や六甲の山は越えるものではなくてトンネルで通過するものになりました。

このように、自動車と道路、FVで言えばセルポートは同時にお互いの数字をにらみながら増加してくる。普及が進めば至るところにセルポートが出来るのは想像に難くない。

そして、その自動車産業を支える裾野の産業も大きかった。テキスタイル（布）メーカーから素材産業、電子産業など、ほとんどすべての製造業が自動車の関係の何かにかかわったのではないかと思われるほど。FVもたぶんその延長のように、ありとあらゆる産業を巻き込むでしょう。そして、自動車の普及が進めば、今度は自動車を使ったライフスタイルに合わせた外食産業（ファミリーレストランなど）が、郊外のバイパスの道路沿いにどんどん出来た時代もありました。

FVで生活スタイルが変われば、それに関連したサービス産業の変化も当然起きてくる。もちろん物流も変わります。ドローンを使った個別宅配のシステムなど、住宅のすぐ近くにセルポートがなければ、実用性ある地域は都市部に限られる。本当は地方のほうがそういう自動宅配には向いている（人口が少なく飛び方も雑でいい）し、むしろ人里離れたところに月に2～3回の宅配をするには、そのほうが経済的でもある。重い物はFVのセルポートに集約してから、分割して運べばいい。

人も物もFVで頻繁に移動するようになれば、世界地図だって変わる。これまでの辺境の地が、住み心地満点の広い我が家に、手の届く住宅になる。隣との間を塀で区切られた住宅のイメージなんか、きっと古いものになるでしょう。そして、地方辺境の地の忘れられていた土地の見直しが起きる。そこまでネットが通じれば、もう完璧な職住一体型のマイハウスになる。ＦＶセルポートのネットが充実したら、それに伴って小型機によるエアタクシーも増え、配機するサービスが広がるでしょうから、自家用機一機でエアタクシーやら宅配のセルポートまでの輸送の中間を担う職業パイロットも出てくるでしょう（序章「4．岐阜」参照）。

これこそ、あらゆる生活の根幹に変化をもたらす空の産業革命の始まりです。

2．再び日本は世界経済を救う

産業革命という国内の経済効果だけでなくて、ＦＶを使った空の産業革命はきっと地球を救うと思う。理由は3つ。

①インフラの整備に時間がかからない

つまり普及が一挙に広がり、経済効果、ライフスタイル効果が思ったより早く進む。それで、経済的に救われる地域も多いでしょう。日本国内経済もその一つ。

②エネルギー効率が良くなる

道路をいちいち作って、重いトラックで大量輸送、集荷センターを中心に車や人が行ったり来たり、ハブを中心にした物流では移動の距離の無駄は否めません。一方のＦＶを使った輸送は、生産地から消費地まで個別に網の目のようなウェッブで結ばれることになるから、エネルギー効率がいい。ハブを使った物流は、国際物流のみになるでしょう。いや、遠い将来は国境をＦＶが次々に越えて、ウェッブ状の移動網が国際物流、国際旅客の中心になるかもしれない。そうすれば20世紀型ハブ式物流は恐竜と同様に死滅する。

③ＦＶは命を救う（災害天災に強い）

地震で鉄道が破壊され、何年も復旧できない時代は終わります。豪雨で高速道路が寸断され、物流に支障をきたすことも過去の話。セルポートがあればいくらでも、人、モノを運べます。そして、セルポートはいくらでもすぐに復旧できる。３時間。それ以上物流が止まることはない。道路が使えなくなれば、その使えなくなった道路の一部をセルポートにすればいい。そうしたら、すぐにＦＶが水や食料、救援の人を積んで飛んで来ます。インド南部での豪雨災害、バリ島やハワイでの火山噴火、巨大ハリケーンがフィリピンの村を孤立化させるなど、地球の自然が厳しくなってきているからこそ、そういう災害時にＦＶを提供しましょう。小型機を派遣しましょう。小型機で輸送できない部分は、寸断された道路の一部を使って臨時のセルポートにし、そこにＦＶを飛ばしましょう。世界の地図が変わった今、もう秘境や辺境の地で忘れられた人たちが災害の痕跡に苦しむことがなくなるのです。

このように、化石燃料の限界や災害の増加、ネットによるフラットな競争にさらされた国や地域をＦＶは救ってくれるでしょう。

これまで日本車は性能が良く、世界の秘境で忘れられた人々の足になりましたが、ジャパンメイドのＦＶは世界で再び人々を救うことになる。つまり、ポスト田中角栄の列島改造論は、地球改造論でもあるのです。

3. 人類進化の過程、移動手段としての空

若者に車が売れない。それは、地上を走る自動車があまりに当たり前のものだからではないでしょうか？　ネット世代の子供たちは、小さい頃からユーチューブなどの動画を見ない子はいないですよね？　ダイヤモンドでピカピカに装飾されたり高機能でピンク一色の高価

な携帯や電子端末を、彼らは大人になってから買うでしょうか？　そんなの要りませんよね、いくらでも端末はあるんだから。地上走行の自動車が当たり前の世代にとって、その高性能で高価な自動車、ま、趣味で買うならともかく、かえってかっこ悪いですよね、大げさな車は。もうね、若者が車に乗って興奮したり感動したりしないんです。

一方、飛行機、どこの空港に行っても屋上から飛行機眺めたり写真撮ってる若者は多い。乗せてあげようかと言って、断る人はほとんどいません。それは飛行機、空中移動が非日常的な興奮、刺激を与えてくれるからでしょう。そう、ＦＶは若者もきっと手に入れたいと思うはず。その操縦を気軽に自動車教習と同じように訓練できるなら、やってみたい人はそこらじゅうにいる。そう、きっと草創期、成長期の自動車と同じように、ＦＶは売れます。

そして、この産業が大きくなると思えるのは、人類の進化に寄与しているからです。地上を走る、地上で重い物を運ぶ。最初は車輪の発明（？）からスタートした自動車という進化は、もう発明があったの？と思えるほど人類のＤＮＡに入っている。移動時のスピード感は、時速50キロくらいでないと「遅い」「動いてない」と感じるほどになった。

小型機を乗り回していると、いろんな経験や新しい感覚を覚えます。操縦するには、自動車の何倍も、そして普段使っていない脳を使います。だから、パイロット仲間はみんな脳が若い。若い子でパイロットの子ははきはきしている。どの子も、社会のどこでもチャンスさえあれば大きく成長してリーダーになるようなタイプです。そういう意味で、操縦訓練は人類の進化に寄与すると思う。

離着陸の時のあの緊張感は飛行機を操縦した者にしかわからないでしょうが、やってみたら楽しいと感じるはずです。車でも運転が好きな人と嫌いな人がいるようにＦＶも同様なので、評価（感じ方）は一つではないでしょう。それでもＦＶが人間の脳の進化に寄与するのは間違いないと思う。誰か医学博士に、この分野を研究してほしいと願っています。

若者は興奮することが好きです。ダイビングで何がいいのかと聞いたら、別世界に入れるからという意見が多かった。ＦＶも乗ってみたら別世界でしょう。自動運転車はちょっとは興奮するかもしれませんが、そのうち人類の脳の一部が退化する方向に行くのではと危惧しています。だって、座ったまま何もせずに移動できるんですもの。でもね、それ、はっきり言って地上だけの移動なら、もう自動移動なんかいくらでも経験してますよね。遊園地のカート、エレベーター、動く歩道、ゴルフのカートだって、乗ったら決まったところを動くやつもある。そんなに新鮮な経験ではない。一方ＦＶはというと、自動車がそのまま上空へ飛び立つんですよ。そして、それをあなたが操縦するんです。誰だって上下左右、三次元の空間を自由に移動する興奮を一度は味わってみたいのでは？　心配なのは「安心で安全かどうか」だけではないでしょうか？　だから日本製なのです。メイドインジャパンのブランドのＦＶが売れないはずありません。

遊園地のＶＲ（バーチャルリアリティ）で、空間移動を経験させない地上移動だけのＶＲってありますか？　それほど空間移動は興奮するんです。で、そういう興奮、やってみたいとの欲求が人類の進化、未来を作ってきた。だから、ＦＶもそういう未来の乗り物として発展し、人類の脳の進化に影響するほどの汎用される移動手段になっていくと思います。その先駆けを日本の技術、国土でやる意味は計り知れないでしょう。

あとがき

この本の原稿は何年か前に完成していた。

ところが、先に脱稿していた『沖縄最大のタブー琉神「尚円」』を出版する都合で、本書の出版時期をはっきり決められないという事情があった。

思えば、この琉球の始祖王尚円の物語を書くことになったのも、伊是名島という沖縄の離島の「場外離着陸場」に初めて着陸したことから始まった。なんと、15年ぶりに本物の軽飛行機が着陸したのだという。なにせ15年ぶり、島の人々が興味津々で一人関西から乗り付けたパイロットである私を歓待してくれた様子は、想像できると思います。で、その島の人々が本当に誇りに思い、酔えば話し出すストーリー。それが、この島出身で琉球第二王朝の始祖の王に成り上がった「尚円王」のことでした。何回か訓練を兼ねてこの場外離着陸場に離着陸を繰り返し、そのたびに村の村長さんや商工会の会長さんらと交わす会話の多くは、気が付けば「尚円」一色。そこから物語の構想が出てきたのでした。

そうして「尚円」についてまとめた歴史物語を２０１８年夏にめでたく出版できてほっとしていたところ、懇意にしていたその島のおじいが病気になり、すぐに飛行機で那覇まで運んでくれないかというような電話を受けたのです。その時は残念ながら、自分の飛行機で来ていなかったため、知り合いのヘリのオーナーに電話したり、ドクターヘリでの搬送をアドバイスしたりしました。そうしたこともあって、島の人、特に高齢者って本当に大変なんだなと実感したのです。

その後、２０１８年2月にスタートした粟国〜那覇の離島便に関して、予算の都合で運行を続けるのが困難と判断されて、２か月後の4月には早くも廃止になったというニュースを島の人から電話で聞いたり、またそれに関連して「山下さん、何とか離島の飛行機輸送できないですかねー」という不安そうで悲しげな島の人たちの声を聞くにつれ、すでにほとんど仕上げていた「ＦＶによる空の産業革命」についてまとめた原稿のことを思い出したというわけです。

離島輸送だけで、この本を書いたのかって?　いえいえ、もっと大きなきっかけで本書の出版を急がなくてはと思ったことがあります。それは、日本の経済、貿易収支が２０１８年7月また赤字になったとのニュースや、クルーズ船の九州寄港の数が大幅に減少したとの報道に接し、これは日本経済も大きな産業革命、かつての田中角栄の日本列島改造論のような巨大投資のできるテーマが次にないと、観光カジノやリニア、オリンピックだけではもたないなと感じたからです。

新聞紙面を見ると、最近は小さな観光関係の記事やＩＴのことしかない。大型の製造業に至っては、誰もが規模の縮小か海外進出しかないと思っている体たらく。これまで経済成長を支えてくれた優秀な官僚の頭脳も、内閣府の強い人事権を前に委縮しがち、かつてはいろんな研究会が官民で作られたが、最近は官邸の意思でないとそういうこともままならないというので、エリート官僚のせっかくの創造性や直観力、未来を切り開く頭脳も十分に生かせていない。コンプライアンス優先で未来の日本の絵を描けてないのではないか？　そんな危機感から本書を急いで仕上げた次第です。

本書で述べてきたＦＶによる新列島改造論「空の産業革命」を実現するには、制度的な問題や解決しなくてはならない事柄が山積していることも承知しています。しかし、無役であり利害関係のない自由な空を知っている1人のパイロットとして、たぶんに感覚的なものもありますが、実際に実現可能なものばかりを示したつもりです。

思えば本書で語った発想も、伊是名島の場外離着陸場に15年ぶりに着陸したところから始まり、島の皆さんが離島輸送の必要を心底願っているのを感じ取ったからこそ浮かんだものでした。場外離着陸場に降りる際、風向きを測る風向計がないということが直前にわかり、村の職員の方が緊急に用意してくださったのが、なんとバスタオル。それを滑走路横の倉庫の柱に括り付けた臨時の風向計を上空で旋回して見ながら、着陸進入の方向を判断したのです。

そんな経験をしてみた私は、日本でも結構どこでも降りれるに違いない、小さいFVならもっと気軽に空を楽しめるだろうし、離島間、遠隔地、地方の輸送もできるのにと考えたのでした。

それに加え、2018年9月に関西空港が台風の事故で封鎖され、大阪の観光客が一〇分の一に激減したとのニュースに触れ、もし沖縄の那覇空港が事故で機能停止になったら、沖縄本島の産業はどうなるか、考えただけで恐ろしい。そうした災害に弱い大型機による輸送だけに頼らず、災害にもしたたかにこまめに対抗する力を持った小型機輸送の普及（空の産業革命の第一フェーズ）が絶対に必要でしょう（沖縄本島北部に那覇の代替え可能な小型機専用空港を作りましょう）。これも沖縄の離島に自分で飛んでみて、強く感じたのです。

そういう意味では、『沖縄最大のタブー琉神「尚円」』と兄弟分の書籍と言えるでしょう。また、最初に出版した『プライベート・パイロット』も、飛行機の操縦の知識がベースにあるという意味で同じく兄弟分です。

私、個人にはそれほど大きな力はありませんが、1人のパイロットとして空の産業革命が実現する小さなきっかけになってくれればと願っています。

令和元年5月5日

空港分布図

平成26年4月1日現在

種別		供用	滑走路長 2,000ｍ以上	未供用
A 拠点空港		28	28	0
	① 会社管理空港 ■	4	4	0
	② 国管理空港 ●	19	19	0
	③ 特定地方管理空港 ○	5	5	0
B 地方管理空港 ▲		54	30	0
C その他の空港 ★		7	1	0
D 共用空港 ☆		8	7	0
合計		97	66	0

A 「拠点空港」とは、次の①～③に掲げる空港をいう。（空港法（昭和31年法律第80号。以下「法」という。）第4条第1項）
① 「会社管理空港」とは、会社が設置し、及び管理する空港をいう。
② 「国管理空港」とは、国が設置し、及び管理する空港をいう。
③ 「特定地方管理空港」とは、国が設置し、地方公共団体が管理する空港をいう。
B 「地方管理空港」とは、地方公共団体が設置し、及び管理する空港をいう。（法第5条第1項）
C 「その他の空港」とは、空港（法第2条）のうち、「拠点空港」、「地方管理空港」及び「公共用ヘリポート」を除く空港をいう。
D 「共用空港」とは、自衛隊等が設置し、及び管理する飛行場をいう。（法附則第2条第1項）

（注）
＊1 礼文空港は、平成21年4月9日から平成27年3月31日まで供用を休止。
・公共用ヘリポートは除く。
・図中の ⬭ 印は供用中の会社管理空港、国管理空港及び共用空港を示す。
・空港名がゴシック体となっている空港は、滑走路長が2,000m以上であることを示す。

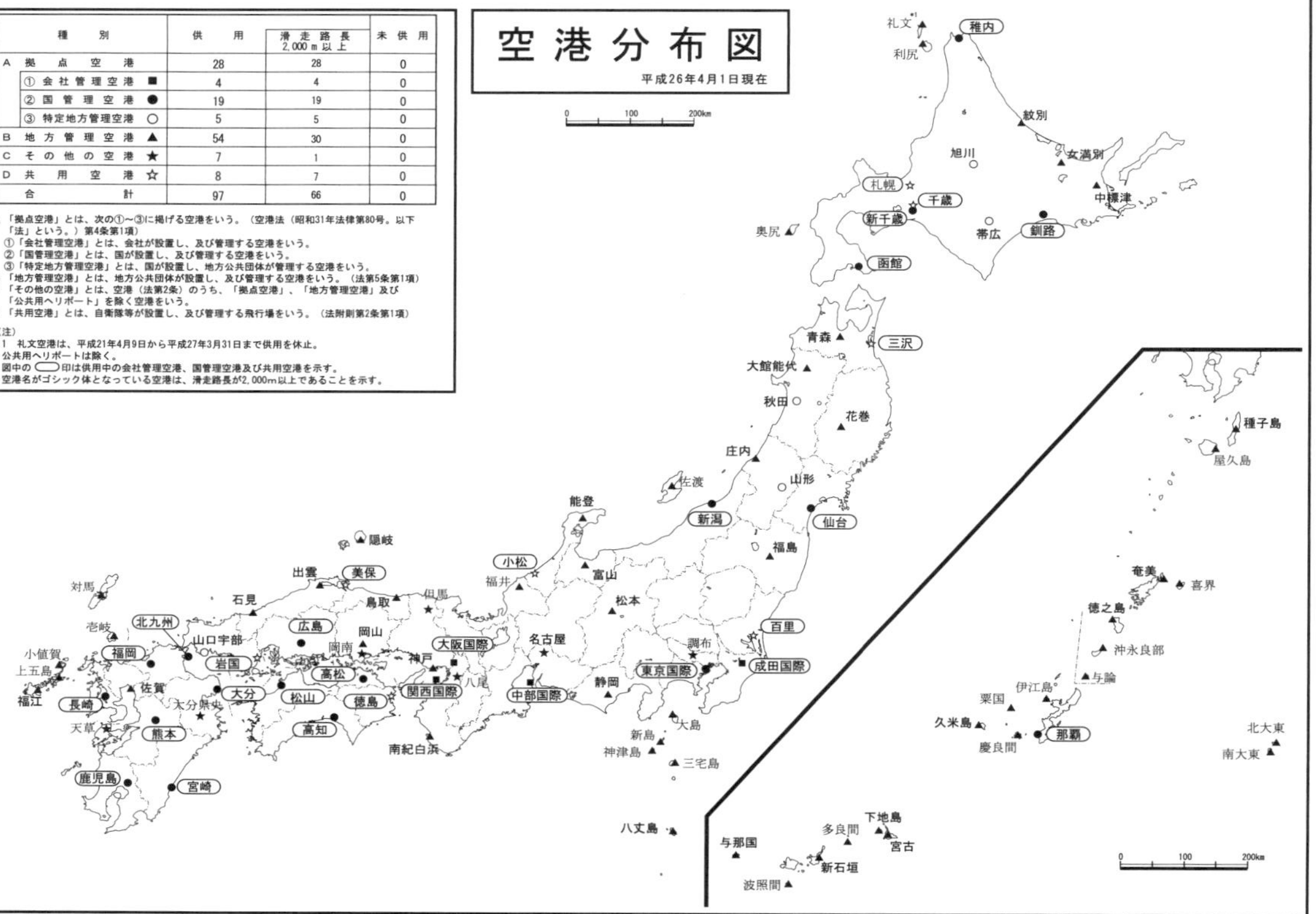

国土交通省航空局

著者略歴

山下　智之（やましたともゆき）

パイロット
大阪観光大学青山飛行クラブ顧問
伊是名島場外離着陸場にクラブ機で離着陸したことから、伊是名村、尚円王の歴史に興味を持つ。沖縄本島、伊是名島　伊平屋島、奄美大島、粟国島、慶良間諸島や京都、東京での五年越しの取材の末、歴史に忠実に沖縄最大のタブー「尚円」の物語を執筆。取材を通じて出会った島の住人から「那覇へ飛んでほしい」と何度も頼まれ、離島間輸送の必要を痛感。那覇空港の代替となり、また、離島間輸送のメッカとなり得る「沖縄本島北部空港」の実現を目指す。
著書に『プライベート・パイロット』（舵社　2015年）、『沖縄最大のタブー琉神「尚円」』（風詠社　2018年）
メールアドレス：privatepilotjapan@gmail.com
山下のフライト日記ブログは、http://www.pilotnet.org で見られます。

パイロットが考えた“空の産業革命”
—ポスト田中角栄「新日本列島改造論」—

2019年6月15日　第1刷発行

著　者　山下智之
発行人　大杉　剛
発行所　株式会社 風詠社
〒553-0001　大阪市福島区海老江5-2-2
大拓ビル5-7階
TEL 06（6136）8657　http://fueisha.com/
発売元　株式会社 星雲社
〒112-0005　東京都文京区水道1-3-30
TEL 03（3868）3275
装幀　2DAY
印刷・製本　シナノ印刷株式会社

ISBN978-4-434-26099-5 C0065